世界记忆冠军
教你 21天 拥有
超强记忆力

十年教学心得大成　一书通晓记忆奥秘

李 威　林浩植　郑燕丽　赵光伟　　著

- ✓ 微信扫码添加辅导老师
- ✓ 领取视频讲解和学习资料

团结出版社
UNITY PRESS

图书在版编目（CIP）数据

世界记忆冠军教你 21 天拥有超强记忆力 / 李威等著
. -- 北京 : 团结出版社，2024.3

ISBN 978-7-5234-0878-0

Ⅰ.①世… Ⅱ.①李… Ⅲ.①记忆术 Ⅳ.
① B842.3

中国国家版本馆 CIP 数据核字 (2024) 第 066863 号

出　版：团结出版社
　　　　（北京市东城区东皇城根南街84号　邮编：100006）
电　话：（010）65228880　65244790
网　址：http://www.tjpress.com
E-mail：zb65244790@vip.163.com
经　销：全国新华书店
印　装：三河市兴达印务有限公司

开　本：210mm×280mm　16开
印　张：17.5
字　数：300千字
版　次：2024年3月第1版
印　次：2024年3月第1次印刷

书　号：ISBN 978-7-5234-0878-0
定　价：99.00元

近几年，随着各类脑力节目以及众多记忆法老师的推广，记忆法已经逐渐为更多的人所知，每天都有许多人问我："学了记忆法会有什么变化？""怎么学习才能更高效？""是不是每个人都学得会？"

针对这些问题，我想分享泰戈尔的一句诗："天空没有痕迹，但鸟儿已然飞过"。我经常将这句话作为线下班结课时给学生的祝语。不同于很多技能的学习，记忆法可能没办法给你直观的变化，比如像体育运动能给你健硕的身体，文艺学习让你拥有展现曼妙舞姿或者天籁歌喉，它更多的是潜移默化地作用在你的生活和学习当中。当你对着古诗文的记忆作业发愁，或者重复数次依然记不住那恼人的英语单词，抑或努力一番后却发现大脑内信息混乱，这时候记忆方法可以如同超人一般让你的记忆恢复活力，效率倍增。如果我不刻意使用记忆方法，我和你并没有什么区别。比如说我也会忘记某个明星的名字，也可能在停车场找错车的位置，但是，当我开启记忆模式，即便是《道德经》等经典也只需要 3 天时间即可背下。由此可见，记忆是一门技术，它需要你有意为之。

那么，应该如何才能快速掌握这项技能呢？在我的教学过程中，有相当一部分学生会抱着"速成"的想法，这是可以理解的，毕竟想要提高记忆力就是为了提高效率。只是磨刀不误砍柴工，一项技能在练成之前必须经过相当的磨炼，我从线下学生掌握记忆方法的情况出发，设计了 21 天的学习计划。

这 21 天分为三个部分，第一部分是学前准备。你将用两天的时间感受记忆方法带来的思维变化，也希望在学习这一部分你能保持空杯心态，去迎接一种新的思考方式。第二部分为方法理论。请不要听到"理论"二字就觉得内容必定枯燥严肃，实际上我们用了大量形象的例子来阐述记忆法，还配上了有趣多彩的插图，最大程度地将老师们脑海中的联想方式呈现给大家。第三部分为方法运用。这一部分我们以四大信息类型为主体：中文、英文、数字、图形，涵盖学习和生活的方方面面，将第二部分所学的方法进行充分地运用实战，力求让你在面对不同信息材料时，都能找到使用记忆方法的思路。在 21 天结束后，还有一个拓展部分的内容，主要面向有成人考试需求或者有志于记忆比赛的朋友。

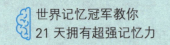
可能会有朋友在想，21天的时间足够学成吗？

足够。在我学习记忆方法的时候，严格意义上的方法学习时间只有几个小时，而其他大量的时间被用在练习、试错、精进之上。我从开始练习到获得"世界记忆大师"荣誉称号花了两年的时间，当然期间因为工作忙碌并没有太多时间练习，也让我走了不少的弯路。而参加我训练营的学生，有的经过短短三个月的训练就荣获"世界记忆大师"荣誉称号，这还是参加竞赛达到顶尖高手所花的时间。如果只是希望记忆法运用在自己的学习工作当中，通常我们的学员集训7天即可有不错的收获。所以此书的第一部分写的是如何"站在巨人的肩膀上"学习，不走弯路就是捷径。当然，这一切的前提是你要足够投入地学习和思考。

大多数人对于时间变化并没有明显的感受，几周、几个月甚至几年不过转瞬之间。机械重复的学习或工作并不会有大的改变，可能还在苦苦地坚持低效的方法。21天，不到一个月的时间，你就能掌握高效的记忆方法，唤醒你大脑的能量，原来让你苦恼的一切都会变得有趣起来。古诗文、英语单词变成了一幅幅有趣的画面；长长的文章有序地安放在你的记忆宫殿里，等待你随时提取；记忆的过程不再枯燥无味，而是充满了冒险与挑战的新鲜感。你会愈加爱上记忆，甚至可以挑战"学富五车""腹有诗书气自华"的目标，或者做到记忆数千无序数字等信息，成为一名世界记忆大师。学好记忆法，就像将一辆老旧的自行车换成一辆时速400公里的超级跑车，效率显著提升，你的学习和生活将会变得更从容、自信。

诚然，要让这本书达到最佳的效果，仅仅是规划21天的时间出来学习是不够的。这21天更像是埋下一颗种子，需要你不断地用实践之水灌溉它，它才会真正地开出智慧之花。我建议大家可以至少通过3个"21天"来强化。第一个"21天"做到通读全书，确保完全理解方法的运用方式。然后让这本书指导你进行第二个"21天"的训练，你可以完全抛弃书中的方法，只用自己的方法进行尝试，再与本书的方法进行PK。在第三个"21天"，你可以尝试将本书的内容分享给你亲近的人。费曼学习法的核心之一是"teach"，也就是教别人。这是一种非常高效的学习方法，它会让你对记忆法有更深入地了解。

所以这三个21天，这本书分别是你的"老师""同学"和"朋友"，老师让你懂得知识，同学帮你提高水准，朋友助你深入了解。本书蕴含我们团队十年教学心得，我相信在高效记忆体系的帮助下，你会拥有记住任何想要记忆的内容的能力！

掌握科学方法，释放记忆能量，轻松快乐地学习和工作，期待和你一起开启奇妙的记忆之旅。

前言

FOREWORD

　　在编写本书的时候，我深入回想了多年教学生学习记忆法的课堂场景，印象最深刻的是孩子们快乐的笑容。不仅有完成记忆任务之后的释怀大笑，更多是在探索快速记忆过程中的会心微笑。而眉头紧皱、苦思冥想、抓耳挠腮的场景似乎很少出现在课堂上，更多的是充满了各种奇思妙想和极其踊跃的发言。这似乎与我们印象中"背诵是一件枯燥无味的事情"不同，为什么？这自然与高效记忆法的本质——联想，息息相关，异想天开可以给记忆增加不平凡的色彩。但不止于此，再有趣的事物过多地重复总会有所厌倦，尤其是很多学生正处于"心猿意马"的阶段，没有持续的驱动力是不能长久的。我们在课堂中设置的很多关卡让孩子们"升级打怪"，不知不觉中掌握了方法体系。因此，在学习记忆方法之外，我们希望在阅读体验上尽量减少"啃书"的感觉。

　　既高度烧脑，又有持续前进的动力，最容易令人联想到游戏通关。一开始也许是好奇心使然，随着游戏进程的发展，通关会成为你的另一种动力。为此我特别委托插画师将21天的学习进程具象为一次武林修行。这样就浪漫化了你的学习过程，如果你能充分代入，它可以带给你身临其境的体验感，这是任何一款让你痴迷的游戏都必须具备的。

【修行图其一·地图】

　　你可以把自己代入为初入江湖的小虾米，一路修炼最终到达高效记忆的宝座。这幅图一共21层台阶，每一阶代表一天，而台阶不同的颜色和人物的不同挑战代表着学习内容的变化。

　　第1—2天，少侠需完成基本功练习；

　　第3—4天，少侠需学会配对联想（刀—刀鞘），串联记忆（锁链）的招式学习；

　　第5—6天，少侠需突破记忆宫殿，将其化为你的技能；

　　第7—10天，少侠需跨越文学高峰，掌握中文信息的记忆方法；

　　第11—17天，少侠需踏过英语学习的梅花桩，掌握英文信息的记忆方法；

　　第18—19天，少侠需攀登数字迷阵，掌握数字信息的记忆方法；

　　第20天，少侠需明察秋毫，掌握图形信息的记忆方法；

　　第21天，少侠登顶云峰，经此历练，广阔天地任你施展。

　　如果你是一名家长，希望你多尝试增加氛围。比如与孩子讨论武侠名号，或者给各种记忆技能取个新的名字，让这一次冒险更加真实。如果你是自学，那么请你保持信念感。根据心理学理论，自我效能越高（也就是个体认为自己做好某方面工作的可能性越大），越会努力积极地做这件事。因此，强大的信念感可以帮助你提高学习效率。

【修行图其二·打卡】

修行图不仅是让你直观地知道自己将要学习什么，还可以帮助你记录下学习的过程。每一天学习结束后，在阶梯上打上"√"，然后在柱子上记录你的学习感受。如果你不想让修行图变得混乱，也可以使用标签纸，记录下你的学习心得，再贴到对应的柱子上。下面是一个五年级小朋友初遇记忆法的学习记录，供大家参考。

内容：大脑知识、记忆规律

感受：让我重新了解自己的大脑，原来我的背诵方式有很多误区，导致记忆效率低下，越来越不喜欢背诵。现在对于记忆提升更有信心，想赶紧调整自己的复习策略，并学习下一天的记忆方法。

莎士比亚说："记录是记忆的良师益友。"我们在进行比赛训练的时候，复盘总结的时间甚至比训练的时间更长。所以请不要吝啬你的笔墨，你的记录会为你铺垫好前进的道路。

【修行图其三·体系】

我们都知道，当一个组织中人人各自为政，那么做事的效率必然非常低下。大脑亦如此，当我们学习时，负责传递信息的神经元之间形成一些小突触，相互联结，形成高度复杂的神经网络。碎片化的知识点就如同一叶叶孤舟，会轻易地迷失在记忆的大海里。只有知识形成完整的网络时，才能组成庞大的舰队，在浩瀚的脑海里乘风破浪。

一个完整的知识体系通常包括三个特征：知识架构、知识内容、内容之间的联系。

知识架构的建立离不开明确的学习目标，就像学习一项运动，当你不知道练习跑步、抬腿对这项运动有什么作用时，根本就无法坚持训练。而修行图的作用就在于此，明确你的学习目标，并直观表现出学习梯度。而完成了 21 天的打卡练习之后，你对整个记忆法知识体系之间的关联也会非常清楚，避免只是学了一些"记忆小窍门"。面对记忆这件事有自己的解题思路，也就达到我们常说的"融会贯通"的状态。

以上的三点希望给你带来不一样的阅读体验。长时间的机械重复会导致大脑的厌倦和疲劳，影响学习效率和动机，大脑总是需要在变化和挑战中来保持活跃和参与度。学习是需要刻苦的，但学习本身可以不"苦"。换种思维模式，使曾经让你避之不及的"全文背诵"等记忆任务变成充满挑战的冒险，让学习之路不再是千篇一律的文字迷宫，而是多彩缤纷的风景。

愿你找到更多记忆的乐趣。

目录
CONTENTS

第一部分 | 学前准备

第1天　如何学好这门课 / 2
　　一、大脑的结构 / 4
　　二、脑细胞及其生长方式 / 5
　　三、有关记忆的几个规律 / 5

第2天　如何提高想象力 / 14
　　一、什么是想象力 / 14
　　二、为什么要提高想象力 / 14
　　三、为什么想象力差 / 14
　　四、想象力记忆的本质 / 15
　　五、常用的三种想象方式 / 16
　　六、想象举例 / 17
　　七、总结 / 24

第二部分 | 方法理论

第3天　配对联想法——如何避免"张冠李戴" / 27
　　一、认识配对联想法 / 27
　　二、配对联想法能用在哪里 / 29
　　三、如何使用配对联想法 / 29
　　四、记忆举例 / 31

第4天　**串联记忆法——如何避免"记漏记错" / 38**

一、串联记忆法初体验 / 38

二、认识串联记忆法 / 39

三、串联记忆法能用在哪里 / 39

四、如何使用串联记忆法 / 39

五、三种串联记忆法对比 / 46

六、串联记忆法综合练习 / 47

第5天　**记忆宫殿法 / 49**

一、记忆宫殿法基础知识 / 49

二、记忆宫殿法的使用步骤 / 53

三、地点记忆宫殿法及示例 / 53

四、数字记忆宫殿法及示例 / 56

五、身体记忆宫殿法及示例 / 60

第6天　**记忆宫殿法进阶 / 62**

一、熟语记忆宫殿法及示例 / 62

二、人物记忆宫殿法及示例 / 65

三、标题记忆宫殿法及示例 / 67

四、场景记忆宫殿法及示例 / 71

五、各类记忆宫殿法比较 / 72

第三部分　**方法应用**

第7天　**中文字词、百科知识和单选题记忆 / 74**

一、易读错汉字记忆方法分析 / 74

二、易写错汉字记忆方法分析 / 79

三、百科知识及单选题记忆方法分析 / 84

四、总结 / 90

第8天　**并列信息和多选题记忆 / 91**

一、合并串联法记忆举例 / 91

二、动作、逻辑串联法记忆举例 / 96

三、综合记忆训练 / 99

第9天 如何成为诗词达人 / 101

一、学习古诗词的意义 / 101

二、古诗词记忆方法分析 / 102

三、理解是记忆的前提 / 102

四、串联记忆法记忆古诗词 / 103

五、配图记忆法记忆古诗词 / 106

六、简笔画法记忆古诗词 / 107

第10天 文章的记忆技巧 / 111

一、文章记忆的方式方法分析 / 111

二、短篇文章记忆举例 / 112

三、长篇文章记忆举例 / 116

第11天 最强大脑单词记忆法原理及体系 / 126

一、英语单词为什么这么难记 / 126

二、英语单词记忆方法比较 / 128

三、最强大脑高效单词记忆法体系 / 128

四、单词的一般记忆步骤 / 129

五、最强大脑单词记忆法——音标 / 130

第12天 拼读法 / 136

一、英语单词音节划分 / 136

二、不同字母及字母组合的发音 / 138

三、发音与字母对应关系的记忆方法 / 140

四、通过发音拼单词 / 142

第13天 谐音法和拼音法 / 145

一、谐音法 / 145

二、拼音法 / 149

第14天　形似法和换位法 / 154
一、形似法 / 154
二、换位法 / 158

第15天　字母编码方法 / 161
一、单字母编码方法 / 161
二、字母组合编码方法 / 163
三、字母编码使用说明 / 166
四、字母编码法总结 / 170

第16天　字母熟词法和熟词熟词法 / 171
一、字母熟词法 / 171
二、熟词熟词法 / 175

第17天　词根词缀法和综合法 / 180
一、词根词缀法 / 180
二、综合法 / 184
三、最强大脑高效单词记忆法——想象和记忆策略 / 188

第18天　数字编码法及应用 / 192
一、数字记忆思路分析 / 192
二、记忆示例 / 193
三、数字编码 / 195

第19天　重要数据记忆方法 / 204
一、数字编码的应用 / 204
二、数据记忆示例 / 204

第20天　图形记忆 / 213
一、图形记忆思路分析 / 213
二、图形记忆示例 / 213

第21天　记忆法趣味运用 / 226

一、记忆我国的56个民族 / 226

二、《三十六计》记忆与整本书籍记忆策略 / 233

第四部分 ｜ 拓展应用

拓展训练 / 249

一、专业知识记忆难点及应对之法 / 249

二、专业知识记忆方法分析 / 249

三、专业知识记忆示例 / 250

四、记忆方法趣味运用——记忆扑克牌 / 259

五、高效记忆法总结和进阶 / 262

站在巨人的肩膀上

　　一些初次见面的朋友经常会向我咨询关于记忆力的问题，他们大抵可以分为两类：第一类为"天赋论"，他们总是觉得记忆力是天生的，我一定是天赋异禀；另一类则是"妙招论"，他们总希望我可以教给他们一些小妙招，让他们瞬间提升记忆力，解决生活中的烦恼。这恰恰是两个极端，第一类觉得记忆力不可学习，而第二类觉得随便学学就能有所收获。但从我多年的教学经验出发，我认为即便是"学渣"也可以通过科学系统的训练成为世界记忆大师，而所有的记忆大师都需要脚踏实地地训练，才能最终通过考核获得荣誉。这个过程有些人只需要数月，有些人则需要数年。

　　记忆力人人都有，所以我们更需要重新科学地认识大脑，不能简单地"想当然"。我们的团队面授过数千名学生，总结下来很多宝贵的学习经验，其中受益的既有哈佛的博士，也有刚上小学还未能适应学校学习的"小学渣"。接下来将一一为大家讲解，这也是第一部分需要重点学习的内容。让我们站在巨人的肩膀上前进！

第 1 天

如何学好这门课

你真的了解你的大脑吗？为什么人与人之间的记忆能力会有差别？你有特殊的记忆方法吗？还是只能通过不断重复来记忆？接下来的这个小测试可以解答你的疑惑。

请按照自己平常的方式记忆以下词组，每对词组记忆时间不超过 3 秒钟。

葫芦—天线	香槟—电灯	箱子—楼梯
小狗—笔记本	弓箭—窗帘	木桩—汽车
仓鼠—黄瓜	手枪—耳罩	南瓜—头部
鹦鹉—键盘	椅子—衣服	飞镖—屏幕
气球—无人机	篮球—垫子	旋转—卡丁车

现在请将以上词语遮住，尝试回忆：

楼梯—	弓箭—
笔记本—	屏幕—
键盘—	耳罩—
气球—	汽车—
电灯—	垫子—

是否有很多想不起来，或者记混乱了？不必担心，大部分人能回忆出两三个就已经很不错了。接下来我们换种方式，通过图像的方式来试试，所有图像只看一遍。

2

葫芦—天线	小狗—笔记本	仓鼠—黄瓜
鹦鹉—键盘	气球—无人机	香槟—电灯
弓箭—窗帘	手枪—耳罩	椅子—衣服
篮球—垫子	箱子—楼梯	木桩—汽车
南瓜—头部	飞镖—屏幕	旋转—卡丁车

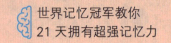
现在请将以上图像遮住，尝试回忆：

葫芦—	鹦鹉—
南瓜—	椅子—
旋转—	篮球—
仓鼠—	木桩—
箱子—	飞镖—

是不是发现进步了好多！为什么？先将你的思考写在下面的横线上，后面我将为大家一一揭晓，看看跟你的认知有什么差异。

_____

_____

_____

上面这个小测试揭示了大脑的诸多特性。很多朋友总会认为自己的记忆能力差、想象力差，总觉得自己就是比别人笨，实际上每个人的大脑差异并不大。在天才爱因斯坦去世后，科学家们对他的大脑进行了深入的研究，并没有发现什么让全人类为之兴奋的结果。既然大家的大脑都长得一样，为什么记忆能力却如此天差地别呢？我们是否真的了解自己的大脑？

一、大脑的结构

大脑包括脑干、间脑、小脑和端脑。在医学及解剖学上，多用"大脑"一词来指代端脑。端脑是脊椎动物脑的高级神经系统的主要部分，它由左、右两半球组成，是控制运动、产生感觉及实现高级脑功能的高级神经中枢。

大脑虽只占人体体重的一小部分，但耗氧量却是很大的，脑消耗的能量若用电功率表示，大约相当于 25 瓦。所以，若想有一个好的学习和工作状态，保持所在环境的空气流通是非常必要的事情，这有利于大脑高效地工作。

人脑中的主要成分是水。大脑获取的所有信息都是通过细胞以电流形式进行传送的，而水是电流传送的主要媒介。所以，在读书或做功课前，先饮一至两杯清水，有助于大脑运作。

依据目前测算，一个人的脑储存信息的容量相当于 500 个藏书量为 1000 万册的图书馆，存储容量基本算是无限大了。所以，不要担心大脑不够用。

二、脑细胞及其生长方式

脑细胞处在一种连续不断地死亡的过程中，它们死一个就意味着少一个。这是一种程序性死亡，也叫凋亡。核磁共振显示，人类大脑的每个地方都是可以被高效利用的，大脑使用率高达 100%，并不存在所谓的沉睡、闲置细胞。

脑细胞是高度分化的细胞，原来科学家认为它们是不可分裂的。但是，现代研究已经发现，神经细胞可以由神经干细胞分化再生，这个过程叫作"神经发生"。科学家发现，成年大鼠每天可产生上千个脑细胞，人类以及其他灵长类动物每天生产的细胞数量要小于这个数字。但是，这些新生脑细胞大部分都会死亡，新生脑细胞的数量远远无法弥补每天死亡的细胞数量。成年后人类的脑细胞仍然是处于一个不断减少的过程，这个过程持续终生。

神经细胞生长的方式主要有两种：一是以"主动生长"的方式向自身的周边随意连接；二是以"被动生长"的方式向特定的目标进行连接。

神经细胞的"主动生长"和"被动生长"有什么区别？为什么会有这样的区别？

"主动生长"的好处是"时间快"，其弊端是它的"神经连接"比较"乱"，必须进行"整理"，从而使那些"错误连接"和"无用连接"都"灭亡"，只留下"正确"的、"有用"的"连接"。这也就是为什么小孩子的死记硬背能力还不错，但身体的协调能力和认知能力比较弱的原因。由于儿童的思考、判断、分析等思维能力并不需要很强，所以他们更依赖"主动生长"来迅速地增多脑细胞"备用"。

"被动生长"的好处就是几乎不会产生没有用的"神经连接"，但坏处就是"时间较慢"。成人的神经细胞以"被动生长"为主，所以一旦受伤，恢复时间相当长。

总的来说，"主动生长"与"被动生长"只有优势互补，才能使我们的脑神经最优化地生长。

三、有关记忆的几个规律

记忆规律 1：魔力之七

首先，请你思考一个问题，你记手机号的时候，是按照 3—4—4 的节奏划分数字来记忆，还是按 4—3—4，或者 3—3—5 的节奏呢？为什么几乎没有人完全不停顿，一下子说出 11 位数字呢？

其实，大家记手机号的方法背后隐含着人类短时记忆的规律——"魔力之七"。

我们记忆的过程包括瞬时记忆、短时记忆、长时记忆三个阶段。瞬时记忆帮我们快速感知周围的信息，其中的少量信息会被我们关注到，形成短时记忆，一般短时记忆持续的时间是 20 秒钟（来自艾宾浩斯的《记忆力心理学》第一章）。比如我们在重述完一个新手机号码之后，很快就会忘记，因为这形成的是短时记忆；短时记忆的信息经过重复或其他方式加深印象后，会形成长时记忆。瞬时记忆和长时记忆的数量都可以很多，而短时记忆的数量却很有限。

美国心理学家约翰·米勒通过研究短时记忆的规律发现，正常人在记忆毫无关联的信息时，短时记住的平均数量是 7 ± 2 个，也就是 5~9 个（组块）。就比如一个 11 位的手机号码一般是分为 3—4—4 三段呈现出来的；而在书写更长的数字时，比如银行卡号，一般每 4 位就有一个空格。这些设计之所以将每段数字的个数控制在 7 个以内，是因为一旦超过 7 个，大部分人就很难一次记住，甚至在分辨的时候也会出错。

背古诗的时候是不是会有这样的感觉：4 句的绝句很好记，但是 8 句的律诗的记忆难度可不只是绝句的两倍。这是因为长度越长，记忆的效率就会越低。

那怎样才能够把较多信息一次性快速地记下来呢？要想一次记得更多，除了将知识分段，减少每次记忆的数量外，更重要的是将知识建立联系，建立联系后知识就不是孤立的了，我们可以借助前后信息回忆。所以我们在记忆知识的时候，不要直接死记硬背，而是应该先观察知识是不是可以进行合理分组，并将不同的知识建立联系，这样会更容易记忆。

记忆挑战

通过建立联系，尝试一遍记忆下列无序的词语。

爆米花	图书馆	狼狗	书包
大树	太阳	石头	救护车
电脑	方便面	纸巾	垃圾桶

看着图片，你能否对这些词进行关联？如果还做不到，先试试这个：我今天吃着爆米花去图书馆看书，结果路上遇到狼狗，吓得我拿书包丢它，然后爬上大树。大大的太阳照射着我，把我晒晕了，掉下树砸到了一块石头，路人叫了救护车。我上车后，惊喜地发现车上有电脑可以玩，还吃了方便面，最后用纸巾擦了嘴，丢到垃圾桶里。

你能把全部词语回忆出来吗？

记忆规律 2：左右脑分工

美国心理生物学家罗杰·斯佩里（Roger Wolcott Sperry，1913—1994）通过著名的割裂脑实验，证实了大脑不对称性的"左右脑分工理论"，因此荣获了 1981 年诺贝尔生理学或医学奖。

左半脑主要负责逻辑、理解、时间、语言、判断、排列、分类、推理、线性和分析等，思维方式具有连续性、延续性和分析性。因此我们可以把左脑称作"意识脑""学术脑""语言脑"。

右半脑主要负责音乐节奏、想象、情感、色彩、直觉、美术、空间感、身体协调等，

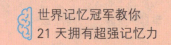
思维方式具有无序性、跳跃性、直觉性等。人的大脑蕴藏着极大的潜能，这种潜能至今还在"沉睡"，深入挖掘左右两半脑的智能区非常重要！

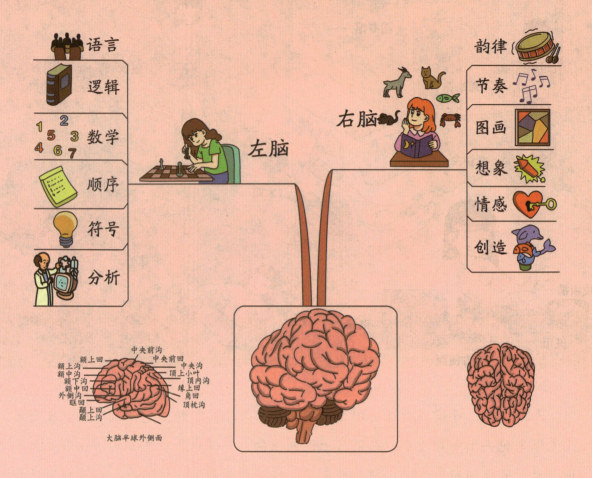

大脑半球外侧面

一开始的小测试也验证了这一规律：使用图像的方式让我们更好地记住了那些词语。在接下来的学习中，如果我们能充分利用左右脑的优势一起记忆，效率会更高。

左右脑分工的不同，也让记忆分成很多不同的维度，有语义记忆、形象记忆、动作记忆、情绪记忆等。比如说到"苹果"这个词语的时候，你的脑海里可能会浮现出苹果两个字是怎么写的，或者它的英文是"apple"；你可能想到它的外形，比如是圆圆的、红色的，或者会想到它的气味和它的口感；甚至你也可能联想到其他的内容，比如苹果派、苹果手机、苹果树、苹果玩具等，还会融入一些自己的感情，比如喜欢还是讨厌。一般而言，你对一个知识的记忆维度越多，记忆就会越深刻，也更容易回忆起来。

在《阿里巴巴和四十大盗》的故事中，阿里巴巴的哥哥希姆在进入山洞找到宝藏后要出去的时候，忘记了口诀是"芝麻开门"。于是他不断地进行尝试，说了"绿豆开门""黄豆开门""大豆开门""大麦开门"，就是没想起是"芝麻开门"。为什么会这样呢？因为他在记口诀的时候太心急了，只形成了单一维度的记忆。他只记得口诀当中包含一种农作物，这种农作物是一粒一粒的，也不大。但至于这种农作物到底是怎么写的，是什么颜色、什么味道的，可以做成什么等，都没有记忆，所以就出现了记忆偏差。

要想对知识印象深刻，就需要形成多维度的记忆。画面和声音的记忆远比文字要深刻，所以在记忆的时候，如果能够把它对应的图像、声音、动作、情绪等同步记下来，你的记忆就能够保持更长时间。我们通常会觉得看影视剧比看文字更容易记忆，就是因为多维度记忆比单纯的文字记忆印象更深刻。

记忆规律3：图优效应

1973年，美国认知心理学家斯坦丁做了一个关于记忆的实验。斯坦丁找了5名大学生，他们的智力水平大致相同。斯坦丁要求他们每个人同时记忆1000个词语、1000张普通图片和1000张有生动情节的图片。结果发现，图片比词语容易记，情节生动的图片更有助于记忆。心理学上把这种现象称作"图优效应"，即在记忆时，图片的优势更大。

在实际记忆过程中，要综合利用逻辑和图像记忆来提升自己的记忆能力。

记忆挑战

换个方式背古诗，通过图像的方式快速记忆下面这首古诗。

四时田园杂兴（其二十五）
［宋］范成大
梅子金黄杏子肥，
麦花雪白菜花稀。
日长篱落无人过，
惟有蜻蜓蛱蝶飞。

将诗句的关键词与右边图像一一对应，记完之后闭上眼睛，验证是否有清晰的图像。

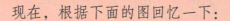

现在，根据下面的图回忆一下：

记忆规律 4：遗忘的规律

记忆的第四个规律是遗忘的规律。德国心理学家艾宾浩斯在《记忆力心理学》（现代出版社出版，ISBN 978-7-5143-4908-5）里，揭示了人类记忆与遗忘的奥秘，并提出了著名的"艾宾浩斯遗忘曲线"。简单地说，就是学习中的遗忘是有规律的，遗忘不是匀速进行的，最初阶段遗忘的速度很快，后来就逐渐减慢了，过了相当长的时间后，几乎就不再遗忘了。大概的趋势就如下图所示：

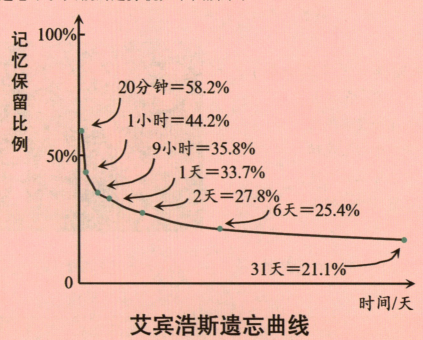

艾宾浩斯遗忘曲线

对于学生来说，如果你的习惯是考试前再复习，平时不复习，那么考前拾回记忆是一个大工程。根据遗忘曲线，我们应该在接近"遗忘临界点"时进行多次复习，这样才能减缓遗忘的速度。

艾宾浩斯发明了一种复习方法，叫作"351—351复习法"，也就是在3小时内、5小时内、10小时内、3天内、5天内、10天内分别将知识复习一遍，印象更深刻。如果无法严格按照艾宾浩斯的方法坚持进行复习的话，那还可以遵循"先密后疏"的复习原则，在学完知识的当天和一周后，抽适当时间进行回顾，后续再根据情况安排时间复习。要记录下第一次、第二次、第三次学习背诵的日期，方便以后安排复习时间。

记忆规律5：记忆的黄金时段

记忆时，先摄入大脑的内容会对后来的信息产生干扰，使大脑对后接触的信息印象不深，容易遗忘，这叫前摄抑制（先摄入的抑制后摄入的）。后摄抑制正好与前摄抑制相反，即由于接受了新内容而把前面看过的忘了，新信息干扰旧信息。

如何运用这一规律来强化我们的记忆呢？睡觉前和醒来后是两个绝佳的记忆黄金时段！睡前的这段时间可主要用来复习白天或以前学过的知识。根据艾滨浩斯遗忘规律，对于24小时以内接触过的信息稍加复习便可恢复记忆，同时睡前不受后摄抑制的影响，记忆材料易储存，会由短时记忆转入长时记忆。另外根据研究发现，睡眠过程中记忆并未停止，大脑会对刚接收的信息进行归纳、整理、编码、储存，睡前的这段时间真的很宝贵。早晨起床后，由于这段时间内我们不会受前摄抑制的影响，记忆新内容或再复习一遍昨晚复习过的内容，对这些内容就会记忆犹新。所以睡前醒后这段时间千万不要浪费，如能充分利用，可以事半功倍。

另外为避免前摄抑制和后摄抑制，灵活地安排学习和休息也非常重要。一般来说，大脑有四个记忆的高峰期，可以根据其不同特点进行学习或者工作任务的安排。

时段	宜做事项
清晨起床后	难度较大的重要信息
上午8-11点	严谨周密的思考
下午6-8点	复习回顾，分门别类，归纳整理
睡前一小时	记忆、复习一遍重要信息

结合记忆的 5 个规律，我总结出了高效记忆的四个要点：形象优先、以熟记新、分组关联、科学复习。

1. 形象优先

我们对于知识的记忆是多维度的，其中视觉是我们最重要的感觉器官，占去大脑一半的资源。所以在记忆知识时，要"形象优先"，尽量把要记忆的内容视觉化，充分发挥右脑记忆的优势。对于抽象信息，后续会分享各种"抽象变形象"的方法。

2. 以熟记新

艾宾浩斯经过研究发现，无意义信息比有意义信息背诵难度要大 9 倍左右，所以我们可以发挥左脑逻辑分析优势，将新记忆的知识与原有知识结合，通过"以熟记新"来记忆，可以减少遗忘，这样做可以让很多"无意义"信息变得"有意义"。例如，我们知道"scar"这个单词有伤疤的意思，那记忆"scarf（围巾）"这个单词就会非常容易，你可以联想"用围巾遮住'f'形状的伤疤"。

3. 分组关联

根据遗忘的特点和"魔力之七"规律，一次学习的内容越多，学习的速度就越慢，越容易遗忘。所以我们可以将背诵内容有效分组，每组信息不要太多，然后将每组信息联系起来，后续还会分享很多将信息联系起来的记忆方法。如果我们要记忆的内容没有严格的顺序，在我们进行记忆前，可以根据情况先对知识做必要的整理和调整后再进行分组，然后分组背诵，这会让我们的记忆过程变得更轻松。"分组关联"是背诵较多信息的科学思路。

4. 科学复习

对于大部分知识，遗忘是始终存在的。为了减少甚至避免遗忘，除了使用记忆方法提高记忆效率外，还要按照遗忘规律进行科学复习，这样才能事半功倍。复习的方式不只是重复看、背诵、默写等，也可以通过一些趣味的方式进行，我推荐几种方式：

（1）讲述记忆法。可以给同学或朋友讲解所学的内容，如果没有听众，可以选择对着录音设备讲解一番，也可以强化记忆。

（2）卡片复习法。把记忆内容写在卡片正面，掌握情况写在背面，根据测试的情况给予一定的标记，比如√代表完全掌握，≠代表还需要巩固，×代表需要重新记忆。后两类卡片就要投入更多精力复习，直到最终完全掌握。

（3）同学互测法。可以利用课间和同学互相提问测试，谁出的问题能够考倒大家，就可以加分，如果没答上来就会扣分，可以设置一定的奖惩措施，一般没答上来的题目再复习都会牢记。

（4）实践运用法。陆游有一句诗："纸上得来终觉浅，绝知此事要躬行。"反复默背十遍，不如动手操作一遍。比如理科可以多尝试动手做实验，英语背完单词，要多在听说读写里使用。记忆的目的并不是积累死的知识，最终还是为了能够学以致用，用出来的知识比死知识记得更牢。

第 2 天
如何提高想象力

一、什么是想象力

想象力是在大脑中描绘图像的能力，当然想象不单单包括图像，还包括声音、味道等五感内容以及疼痛和各种情绪体验等，这些都能通过想象在大脑中"描绘"出来，从而达到身临其境的体验。比如当说起汽车，你可能想象出各种各样的汽车形象、声音、质感等，这就是想象力的作用。

想象力是人类大脑一项强大的功能，属于右脑的形象思维能力，随着时代发展，想象力越来越重要。

二、为什么要提高想象力

著名物理学家爱因斯坦曾说过："想象力比知识更重要，因为知识是有限的，而想象力概括着世界上的一切，推动着进步，并且是知识进化的源泉。严格地说，想象力是科学研究中的实在因素。"这一论述表明了想象力在人类的科学进程中是何等重要，缺乏想象力，科学之树就会枯萎，思想之花就会凋零，文明之路就会中断。

对于个人而言，想象力可以让割裂的知识之间建立联系，使知识形成整体的架构而变得简单好记；它也能使得抽象的知识变成有画面、容易记忆的图像，从而提升记忆和学习的效率。

三、为什么想象力差

生活中，很多人会说自己想象力差，这是为什么呢？是天赋问题吗？其实并不是。大部分人的大脑想象力水平是相差不大的，但是因为种种原因，外显却很不相同。根据调查分析，得出影响想象力的因素有以下几点：

1.压力。现代人学习、生活节奏快，压力大，空闲时间少，很难有时间和精力去有意地培养和运用想象力。

2.数字媒体的冲击。由于电脑、手机等设备的普及，人们会被动地接收信息，缺乏独立思考和个性创造的空间。

3.社交媒体的影响。社交媒体的流行使我们更多地关注他人的生活，而不是探索和发展自己的想象力，从而可能导致想象力的退化。

4.思维惯性。在我们的教育中，会更倾向于使用左脑，即培养逻辑思维能力，而对于右脑的图像思维能力培养较少，根据"用进废退"的原理，想象力会被抑制。

5.没有专门训练。经过特定想象力锻炼的人，能够极大地释放自身被压抑的想象能力，与没有经过训练的人差距是比较明显的。

四、想象力记忆的本质

对于学习而言，我们利用想象力来记忆知识的秘诀是"以熟记新"，即利用我们熟悉的知识来对照记忆我们新学习的知识。

例如，宋代画家董羽在描述龙的形象时，是这样写的："角似鹿，头似牛，眼似虾，耳似象，嘴似驴，须似人，腹似蛇，鳞似鱼，足似凤。"龙的形象是未知的，但是龙的每一个部分体貌都通过我们熟悉的物体来进行比拟，通过这种方式，我们就可以在脑海中通过想象力来"绘制"龙的形象。

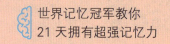

五、常用的三种想象方式

根据人类认知事物的方式，常用的想象方式有三种：

1. 利用"音"来想象。从发音、声音、读音等方面联想。例如：有人将"打鼾的声音"想象为"雷声""汽笛声"；"1314"读起来很像"一生一世"，"520"听起来可以联想为"我爱你"；"针灸"的"灸"读音同它上部分的"久"；"oolong"从发音上很像"乌龙"，所以可以联想到"乌龙茶"。	
2. 利用"形"来想象。比如上一节中"龙的形象"就是利用了"部位形状的相似性"；比如"中国的地图形状"我们都知道像"一只雄鸡"；我们学习的汉字中有很多的象形字，"人"很像"人的两条腿"，"口"像"我们的嘴巴"，"山"像"隆起的山"。	
3. 利用"义"来想象。有很多事物在我们脑海中已经具有特殊的意义，这些都可以用来作为想象的源泉。比如：一说到"泡菜"，你就会想到"韩国"，一看到"孬"你就知道意思是"不好"，一说到 120 你就会想到"救护车"，等等。	

接下来，发挥自己的想象，你能从生活、学习中找到哪些有趣的联想呢？在下面写下来。

_____

_____

六、想象举例

1. 中文知识想象举例

中文知识存在于各个学科当中，因此我们首先探讨如何利用上述三种方式来记忆中文知识。

〔示例1〕记忆知识点：茶圣是陆羽

分析：陆羽可以拆分为"陆"和"羽"，利用"谐音"可以转化成"露"和"雨"，因此我们联想成"用露水和雨水泡茶"，从而记住"茶圣是陆羽"。

〔示例2〕记忆知识点：阿尔卑斯山脉的最高峰是勃朗峰

分析：勃朗峰，利用"谐音"可以转化为"波浪峰"，因此可以联想为"阿尔卑斯山脉的最高峰是一个像波浪一样的山峰"，也可以联想为"一想到阿尔卑斯糖，我的口水流得就像波浪一样"。

有时候，我们也会遇到一些难以转化为图像的词语，这时就要通过一些"巧妙的手法"来进行转化，问题会迎刃而解。

〔示例3〕将以下词语转化为有画面的图像。

信用 文化 任文明 乌拉圭 独立 熊猫

四川 狗不理 司马迁 陆游 万象

分析：这些词语大多数属于抽象词语（抽象词语广泛存在于学习当中的各种概念、人名、地名、俗称中），乍一看还真不好出图，但如果转变思路，就有可能"柳暗花明又一村"。

信用：如果加上"卡"就会变成我们熟知的"信用卡"，而且信用卡是跟信用相关的，很容易回忆。

文化：加上"馆"会变成"文化馆"，在文化馆学习文化。

任文明：人名，可以把"任"调换到后面变成"文明任"，再运用谐音法转化为"文明人"，就更有画面感了。

乌拉圭：把"乌"和"拉"调换位置并运用谐音法可以转化为"拉乌龟"。

独立：我们熟知的一个成语是"金鸡独立"，画面感很强，也很容易回忆。

四川：一说到四川，可能你会想到"熊猫""火锅"，这也可以作为出图的根据。

狗不理：著名的天津"狗不理包子"，可以很形象地出图和记忆。

司马迁：很多同学会想到《史记》，是可以的。对于小孩子，可能不知道这个人，但是都学过"司马光砸缸"，可以通过"司马光"的形象来记忆司马迁。

陆游：著名诗人，陆可以转化为"陆地"，游可以转化为"旅游"，想象陆游在陆地旅游。

万象：望文生义，可以转化为"一万头大象"或者"万斤重的大象"，这样就很好出图了。

以上的示例，采用了多种有效的方法来帮助我们将词语转化为图像，分别是谐音法、增减倒字法、相关法、望文生义法。通过抽取关键字可以整理为"关望谐字"，并通过谐音转化为"观望鞋子"来助记。

2.字母符号想象举例

相对于中文，字母、符号等似乎更难记忆，特别是英语单词，是很多同学最苦恼的部分。通过上述方法，我们也可以高效地记忆字母、符号等。

〔示例1〕记忆下面的单词

sage　圣人 记忆方法：蛇咬伤了上了年纪的圣人。 　　　　　s　　　age　sage	

别扔!重要提醒!

请第一时间扫码
添加辅导老师

世界记忆冠军
李威

老师会给您**开课，**
发赠送资料礼包

不加老师领取不了课和资料！

有任何问题都请先联系辅导老师沟通，老师会尽力帮您解决~若特殊情况需要申请退货，请一定选择"多拍/错拍/不想要"处理更快，感谢理解支持！

五星好评专属福利

道德经记忆训练讲义+打造超级记忆力+英语官方全词根词缀系列

高分高能学习系统
国学经典
《道德经》
训练手册

前言

第二章

天下皆知美之为美，斯恶矣。
（天下有个大戒指，美之所以美是因为有死鳄鱼）
皆之善之为善，斯不善矣。
（戒指，扇子是扇子，撕了就不是扇子了）
有无相生，难易相成，
（要无声声，难以相当成功）
长短相形，高下相盈，
（长短相形，高下相盈）
音声相和，前后相随，恒也。
（音声相合，前后相随，横也）
是以圣人处无为之事，行不言之教，
（石椅上的圣人处在那无所事事，行了不言的教诲）
万物作而弗始，生而弗有，
（万年乌龟闯而复始地爬，生儿子不拥有）
为而不恃，功成而弗居。
（围住了而不食，攻打城堡而不能居住）
夫唯弗居，是以不去。
（夫人围着丈夫居住，死也不去）

日常高频词根

第一章 最强大脑学科思维训练体系

给予订单15字以上五星好评，可截图联系辅导老师免费领取电子版资料。

好评图片注意不要拍到本卡片，感谢理解支持！

慧记慧背

schedule 日程表 记忆方法：蛇把车堵了，导致错过日程表。 　　　　　 s　che du le　　schedule	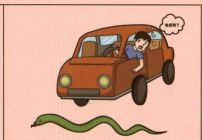
boast 自夸、炫耀 记忆方法：一个人炫耀　船上养了稀有的蛇。 　　　　　 boast　boat　　　　　s	
scold 责骂、训斥 记忆方法：责骂别人和蛇一样冷血。 　　　　　 scold　　s　cold	
smother 使窒息 记忆方法：一条蛇缠住妈妈，使她窒息。 　　　　　 s　mother　　smother	

　　在记忆的时候把记忆方法中的场景在脑海中模拟出来，这样对于单词的印象就会很深，自己尝试一下，是不是觉得单词也挺好记忆了？

　　〔示例2〕记忆知识点：缺乏维生素 A 会导致夜盲症

　　记忆方法：知识点的关键词是"A"和"夜盲症"，"A"通过"音形义"的方式进行转化，再与"夜盲症"相关联就能够牢固地记忆。

音的方式：A 转化为"欸"，想象一个人大叫一声"欸"，并说："怎么眼睛看不见，就像盲了一样呢？"	形的方式：A 转化为"尖尖的东西"，想象一个人眼睛被尖尖的东西刺伤了，变成了盲人，夜晚就看不见了。	义的方式：A 转化为"苹果 apple"，想象吃苹果就不会得夜盲症了。

〔示例3〕记忆知识点："BCWS（计划工作预算费用），等同于 PV（计划价值）"

记忆方法：对于字母进行拆解转化，BC 可以转化为"编程"，WS 可以转化为"网上"，PV 是"plan value"的简称，对应意思"计划价值"。因此，可以联想"编程网上学更好，计划要花多少钱？"

3. 数字的想象举例

数字更常出现在我们生活中的各个地方，学习中的各种公式、年代，生活中的电话号码、银行卡号、身份证号等无一不是用数字来展示的。短数字我们可以通过瞬时记忆来记住，但是对于长数据或者需要长期记住的数据，我们就需要采用一定的方式来处理。

〔示例1〕记忆知识点：太阳的半径约为 7×10^8 m

记忆方法：可以看到重要数字是 7 和 8，"78"听起来像西瓜或青蛙，想象太阳长得像西瓜或者太阳烤熟了青蛙。（用音的方式记忆）

〔示例 2〕记忆知识点：**地球的半径约为 6×10^6 m**

记忆方法：重要数字是 6 和 6，"6" 长得像蝌蚪，想象地球上有很多水，水里面有很多蝌蚪。（用形的方式记忆）

〔示例 3〕记忆知识点：**爱因斯坦朋友的号码是 24361**

记忆方法：可以对数字进行拆分然后转化记忆，比如拆分为 "24+361"，24 可以想到 "一天 24 小时（义的方式）""饿死（音的方式）""两打（义的方式）"，因此可以联想为 "两打（2 个 12）加 19 的平方（361=19×19）""饿死（24）算了哟（361）""一天 24 小时穿着 361° 的衣服"。

〔示例 4〕记忆知识点：**中国有 34 个省级行政区域**

记忆方法：数字 "34" 谐音像 "三思"，很容易就联想到 "三思而行"，与知识点联想 "游历全中国，要三思而行"。

上面的示例也告诉我们一个道理：采用 "音形义" 联想同一个知识点时，可以有不同的转化方法，形成不同的记忆思路。

4. 图形的想象举例

除了中文、数字、字母符号外，还有一类知识经常出现在学习生活当中，那就是图形，比如地理学科的各种地形图、轮廓图，生活中的指示图、线路图，工作中的各种标识图等。有些图形形象好记，但也有很多图形比较抽象或者过于相似，导致难以记忆。《最强大脑》节目中，我挑战的《超级辨变脸》《雪花之谜》等项目也都跟图形记忆相关。

《超级辨变脸》节目录制现场　　　　　《雪花之谜》节目录制现场

无论什么样的图形，只要有正确的方法都可以记忆。即使如同旧电视里的雪花花纹，通过观察并编码转化为形象事物，也可以记住。

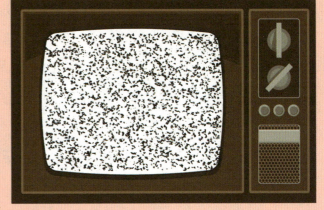

在图形记忆中，观察是最重要的一个步骤。观察也是人类智力结构的重要基础，是思维的起点。人们从外界接触到的信息中 80% 以上是通过观察获得的，可以说，观察是智力活动的门户，也是聪明大脑的眼睛。没有较强的观察力，任何人都难以达到智力的高水平。生物学家达尔文曾说过："我既没有突出的理解力，也没有过人的机智，只是在发现那些稍纵即逝的事物并对其进行精细观察的能力上，我可能在众人之上。"没有观察，智力发展就像树木没有土壤、江河湖海没有水源一样，失去了根本。歌德也曾经说过："思考比了解更有趣，当然远不及观察。"

观察的发展也离不开思维的进步。人们认识事物是由观察开始的，进而到注意、记忆和思维。观察是认识的出发点，又借助思维进行提高。有位哲人说过："不愿看的人比盲人更瞎。"

生活中有很多因为观察不足导致的麻烦，比如脸盲症。其实，人脸也是一种图形。很多人都记不住人脸，特别是刚到陌生的工作环境时，同事和领导的名字与脸对不上，尤其尴尬。怎样才能记住人脸呢？关键便是用心观察，先记住对方的面部特征，再通过谈话了解对方的信息。从外貌、个人特性和名字等方面进行联想，就容易记住了。

记忆人脸，根据图形记忆的特点，一般采用"形"的方式来进行转化，通常有两种方法：

（1）整体记忆法：观察图形的整体像"什么"，然后进行联想记忆。

（2）局部特征法：观察图形中有"特征"的局部像"什么"，然后进行联想记忆。

对人脸进行编码转化后，再结合名字进行联想，就可以成功记住一个人。值得注意的是，观察面部时，着重观察对方眼睛和口鼻的 T 字部位，因为人脑就是以这部分来辨识不同面孔的。尽量不要依靠对方的穿戴和发型来记忆，否则对方换件衣服、换个发型，你就认不出了。必要时把局部特征进行夸张记忆，比如鼻梁特别高，嘴唇特别厚，眼睛特别小或大，下巴有颗痣等。

〔示例〕记忆生活中的"人名头像"

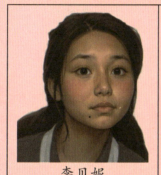			
李贝妮	贾琳娜	伊丽莎·艾莉	亨利·麦克

〔记忆分析〕

 李贝妮	特点：整体上看人物脸较圆，局部特征是下巴处有一颗黑痣，可以和"妮"联系起来。
记忆：脸圆得像李子一样，被泥（"贝妮"的谐音）糊了脸，下巴上还沾着黑泥。	
 贾琳娜	特点：整体上观察人物较胖，姓名中的"贾琳"很容易让人联想到演员贾玲。

记忆：这个人长得好像贾玲呐（"琳娜"的谐音）。

伊丽莎·艾莉

特点：整体上看非常像邻居家的孩子，局部观察有两个酒窝，"伊丽莎"可以谐音为"一粒沙"，"艾莉"可以倒叙为"溺爱"。

记忆：邻居家的小女孩把一粒粒沙子倒在地上，家里人也不批评她，对她很溺爱，所以她总是笑得很甜，露出深深的酒窝。

亨利·麦克

特点：整体给人的感觉比较有活力，局部观察鼻子比较挺，鼻孔稍大，"亨利"可以谐音为"哼歌厉害"，与这一特征结合。

记忆：这个男子哼歌很厉害，都不需要麦克风就可以很好听。

〔记忆练习〕写出下面头像对应的人名。

_____ _____ _____ _____

七、总结

回顾这部分内容，我们学习了如何采用"以熟记新"的原则，利用"音形义"的方式来记忆各种类型的知识和信息。

　　在实际的工作学习生活中，我们遇到的很可能是"中文、数字、字母符号、图形"这几者之间的组合，比如历史年代是"数字＋中文"，车牌是"中文＋字母符号＋数字"，对于这类综合性的信息，我们要灵活运用转化方法进行拆分处理，然后用想象力将它们连接起来。

　　在记忆时，一定要牢记一点：在脑海中要有想象的画面。脑海中画面的构建过程就是想象力的具体实践过程，它会让记忆的内容真正活灵活现，也会让记忆更清晰深刻。

　　想象力在我们的记忆中尤为重要，它是联系各种不相关、零散知识的关键，也是让知识变得有趣、形象的关键。同学们可以经常锻炼自己的想象力，我们总结了一些锻炼想象力的方法分享给同学们：

　　（1）注重观察和思考。想象力来源于对现实世界的加工和再创造。多观察周围的事物和现象，思考其中的问题和可能的解决方式，可以培养想象力。

　　（2）勇于尝试和冒险。尝试一些新的事物和方法，经历一些可能的失败和挫折，这样可以帮助我们更好地探索未知领域，从而培养想象力。

　　（3）运用联想和类比思维。通过各种联想和类比思维，将不同的事物和概念联系起来，从而创造出新的事物和想法，能够有效扩充想象力的范畴。

　　（4）锻炼多种艺术和技能。通过学习和练习各种艺术和技能，如音乐、绘画、写作、编程等，可以帮助我们用不同的思维、视角来表达想法、解读世界，从而锻炼想象力。

　　（5）思维导图和头脑风暴。采用专门的"想象训练"，经常做"思维导图训练"和"头脑风暴训练"，可以快速梳理自己的想法，从而提升想象力的维度。

　　〔想象力小练习〕发挥你的创意，将下列圆形变成不同的图案。

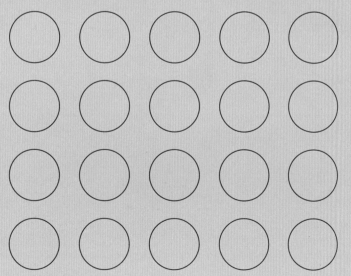

第二部分
方法理论

让联想为记忆插上翅膀

在第一部分我们已经明白，"图像＋联想"的方式可以让你的记忆能力大幅增强，那么面对不同的知识点，应该如何使用你的想象力？这一部分将为大家讲解记忆大师的三大记忆方法：配对联想法、串联记忆法、记忆宫殿法。

这三种方法如何使用？在什么情况下使用？本部分将会为大家进行讲解，同时还将有大量的案例进行练习。建议大家准备好一张白纸，方便遮挡文字，及时验证记忆效果，也可以用于回忆默写，或者绘制记忆图像，相信你的想象力马上会让这张白纸变得不可思议。

第3天

配对联想法——如何避免"张冠李戴"

一、认识配对联想法

配对联想法，又被称为"成对联想法""对偶法"，是一种学习记忆的实验方法。由美国心理学家卡尔金斯 (Mary Whiton Calkins， 1863—1930) 于 1896 年首创，是对艾宾浩斯记忆实验方法的重要扩展。

这种方法是将两个彼此间无明显意义联系的知识利用想象和联想的方式，紧密地结合在一起，通过强化记忆之后，就能够实现牢固记忆和快速提取，避免遗忘和"张冠李戴"。

让我们通过一组无关联的词语的记忆挑战来真实体验"配对联想法"的奥妙吧！
尝试快速记忆下面的 6 组词语：

女孩—石板　　　　　企鹅—企鹅　　　　　蛇—青蛙

小鸟—玻璃窗　　　　老人—栏杆　　　　　风车—猪

现在，盖住上方，你能回答出以下词语对应的词语吗？

石板 —_____　　　　　　　　风车 —_____

企鹅 —_____　　　　　　　　小鸟 —_____

老人 —_____　　　　　　　　蛇 —_____

现在，我们换一种方式，在脑海中想象这样的画面：

女孩—石板：女孩用头撞碎了石板。	
企鹅—企鹅：两只企鹅组成了QQ。	
蛇—青蛙：蛇咬住了青蛙，青蛙在挣扎。	
小鸟—玻璃窗：小鸟撞到了行驶的车玻璃窗上。	
老人—栏杆：老人很矫健，跨过了栏杆。	
风车—猪：大风车转动着，上面绑着一只猪。	

现在，盖住上方，你能回答以下词语对应的词语吗？

石板 — _____   风车 — _____

企鹅 — _____   小鸟 — _____

老人 — _____   蛇 — _____

二、配对联想法能用在哪里

配对联想法主要是记忆"一对一"不相关的知识点，结合我们的学习、工作、生活，我们可以得出配对联想法的适用范围：

（1）文字类：汉字与读音；词语及意思；成语及出处；文言字词及解释；文学常识等。

（2）数字类：历史年代与日期；人物和重要数据；公式等。

（3）字母符号类：单词与意义；音标；拼音；化学元素；特殊符号与含义等。

（4）图形类：国旗与国家；地图轮廓与省份；人脸与姓名；物体形状；指纹与人物；二维码与对应信息等。

（5）考试类：单选题、部分填空题等。

三、如何使用配对联想法

通过对配对联想法过程的拆解，我们将其分为两部分：

（1）将配对的知识点分别进行转化。

（2）将转化后的形象通过联想的方式建立联系。

针对第一点，在第一部分我们学习了"音、形、义"的方式，这些可以用在转化"知识点"上；针对第二点，常见的建立联系的方式有三种："逻辑、动作、合并"。

（1）逻辑：发现配对知识点间明显的、潜在的逻辑关系。比如"扫帚和垃圾桶"，因为扫帚是清扫用的，清扫的垃圾会装进垃圾桶，这属于"明显的逻辑关系"；再比如"海

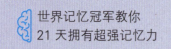
豚和潜艇"，我们知道海豚能发出超声波，潜艇的声呐系统也是用的超声波，通过这种方式让二者建立了"潜在的逻辑关系"。

（2）动作：通过直接或者间接的"动作"将配对的二者建立联系。直接动作很容易理解，比如第一节中的"老人与栏杆"，就属于这一类。有时候为了印象深刻，我们可以对动作进行一定的"夸张"处理。比如"女孩与石板"，"女孩站在石板上"这个画面可能太平淡，想象成"女孩用头撞碎了石板"或者"女孩用镭射眼射穿了石板"，可以让印象更深刻。间接动作是通过"中间媒介"的方式来实现联系。比如"扫帚和插座"，我们可以寻找一个媒介"哈利·波特"，因为哈利·波特有飞行扫帚，想象"哈利·波特骑着飞行扫帚飞进了插座世界里"，这样的联系不但有画面，而且非常有趣，有助于强化印象。

（3）合并：配对的二者之间可以合并成一个新的事物。比如"铅笔和橡皮"可以合并成"带橡皮的铅笔"，"插座和扫把"可以合并成"吸尘器"或者"扫地机器人"，兼具二者的特点。该方式的适用范围相对窄一些，需要配对的知识点之间有组合的可能，并且能对应现实世界中的事物。

在实际的使用过程中，通过多年的经验，我们总结出了配对联想法使用时的一些原则：

（1）转化要有特征。同样是一只猫，普通的猫和《猫和老鼠》里面的"猫"在记忆的深刻度上有很大的差异，我们要尽量寻找有特征的"事物"来加深记忆深度。

（2）联系要简单。比如"小鸟和玻璃窗"，想象成"小鸟从森林里飞出来，看到了一个房屋，它飞到房屋顶上，看到屋里有一只鸟在闹钟里面，它想去打招呼，于是飞了过去，撞在了玻璃窗上"，这种虽然很有故事性，但是太过复杂，不利于大量信息的记忆。简单、直接、有特点的联系更利于提高记忆效率。

（3）一定要有图像。在想象力这一部分的学习中我们也强调了记忆的时候一定要有图像，大家一定要谨记这一点。因为记忆方法的核心是"图像记忆"，通过人脑对于图像强大的记忆和复原能力，助力抽象知识、无意义信息、零散材料、整本书籍等的记忆。

四、记忆举例

1. 记忆举例：世界之"最"

> 世界最长的河流是尼罗河
>
> 世界最深的海沟是马里亚纳海沟
>
> 世界最高的高原是青藏高原
>
> 世界最大的高原是巴西高原
>
> 世界海拔最低的国家是荷兰
>
> 世界最小的洋是北冰洋

记忆分析：世界之"最"，一边是"形容词"，一边是"对应的事物"，符合配对联想法的适用范围。

最长—尼罗河	
尼罗：谐音为"泥螺"，想象"河里有长长的沾着泥的螺蛳"。	
最深—马里亚纳海沟	
马里亚：谐音为"玛利亚"，想象"圣母玛利亚那深邃的歌声飘进了海沟"。	

最高—青藏高原	
青藏：转化为"青草宝藏"，想象"高处的青草上有宝藏"。	
最大—巴西高原	
巴西：转化为"足球"，想象"大大的足球场"。	
最低—荷兰	
荷兰：转化为"荷兰猪"，想象"荷兰猪生活在海拔低的地方"。	

最小—北冰洋	
北冰：谐音为"baby"，想象"小baby 飘在大洋上"。	

2.记忆举例：名人及称号或字

> 李白——号青莲居士
>
> 李清照——号易安居士
>
> 班固——字孟坚

记忆分析：一边是人物名字，一边是称号或字，可以使用配对联想法记忆，重点是要将"人物"和"称号或字"进行转化。

李白—青莲居士	
记忆方法：可以联想"李白喝酒时吃青色的莲子"，或者"李白做人很清白，做官很清廉"，或者"李白吟完诗吃青色的莲子就成仙了"。	

李清照—易安居士	
记忆方法：可以联想"李清照很容易获得安全感，所以专心写诗词，成为女词人"，或者"李清照过得安逸，所以专心写诗词，成为女词人"，或者"你清早出门，容易安全到达学校，不会迟到"。	
班固—字孟坚	
记忆方法：可以联想为"要想班级稳固，需要勇猛和坚强的班主任"，或者"搬很重的、固定的东西，需要人勇猛和坚强"。 我们还可以简化这个配对记忆的过程，可以抽取"班固"的"固"和"孟坚"的"坚"组成"坚固"来记忆。	

3. 记忆举例：古代诗人及称号

诗佛—王维	诗魔—白居易
诗鬼—李贺	诗奴—贾岛
诗豪—刘禹锡	诗狂—贺知章
诗神—苏轼	诗杰—王勃

记忆分析：一方是诗人的称号，一方是诗人的名字，用配对联想法十分合适。

诗佛—王维	
分析："佛"可以想到"求神拜佛"，王维可以谐音为"王位"。 联想：每天拜佛希望登上王位。	
诗魔—白居易	
分析："魔"可以想到"走火入魔"，白居易可以拆分联想，也可以用他的著作来代替。 联想： 1. 居然容易走火入魔。 2.《长恨歌》《琵琶行》让我背得走火入魔。	
诗鬼—李贺	
分析："贺"可以通过"音"的方式转化为"大喝"。 联想：遇到了鬼，你大喝一声把它吓跑。	

诗奴—贾岛	
分析："奴"可以想到"奴隶"，贾岛可以谐音为"假岛"。 联想：奴隶被流放到假岛上干苦力。	
诗豪—刘禹锡	
分析："豪"可以想到"土豪/豪迈"，刘禹锡可以谐音为"留玉玺"。 联想：土豪离开时留下玉玺。	
诗狂—贺知章	
分析："狂"可以想到"发狂""狂妄"，知章可以谐音为"智障"。 联想：发狂过度会变成智障。	

诗神—苏轼	
分析："神"可以想到"神仙"，苏轼可以谐音为"舒适"，或者用"东坡肉"来表示。 联想： 1. 神仙过得很舒适。 2. 苏轼被贬后喜欢各地美食，过着神仙一样的生活。	
诗杰—王勃	
分析："杰"可以想成"领结""杰出"，勃可以谐音为"脖子"。 联想： 1. 领结系在国王的脖子上。 2. 王勃是初唐四杰之首。	

第 4 天

串联记忆法——如何避免"记漏记错"

一、串联记忆法初体验

请用 1 分钟尝试记忆下面的词语：

面包　铅笔　裙子　松鼠　妈妈　足球

猴子　拐棍　乌云　闪电　男孩　电视

回忆一下，记住了几个？

现在，通过下面的方式进行记忆：

把面包插在铅笔上，用铅笔画了条裙子，裙子里钻出来一只松鼠，松鼠跳到了妈妈怀里，妈妈一脚踢飞了足球，足球砸在猴子身上，猴子拿起了拐棍，拐棍召唤了乌云，乌云降下了闪电，闪电击中了男孩，男孩倒在电视旁。

再回忆一下，你记住了几个？运用这种方法，不仅记得更快，而且不易遗漏，这种方法就是串联记忆法。

二、认识串联记忆法

串联记忆法是基于关联思维的记忆技巧，通过将不同的知识点或信息像"锁链"一样串联起来，形成一个连贯的故事或者图像，从而帮助我们更好地记忆和理解的一种方式。

该方法利用了人类大脑对于故事和图像的记忆能力，将抽象的知识或者信息转化为丰富、具体的形象，可以提高记忆效果。

事实上，我们在生活中都接触过串联记忆法，比如小时候我们可能都试过根据几个关键词语来编故事，大多也都玩过"词语接龙"的游戏，这些都用到了串联记忆法。

三、串联记忆法能用在哪里

与配对联想法不同，串联记忆法通常用于记忆更多、更长的信息，信息间有明显的特点，即多个、并列，可以有递进关系，也可以没有递进关系。具体来说：

（1）中文类：古诗、文言文、现代文、有并列知识点的文学常识、文综知识等；

（2）数字类：电话号码、银行卡号、身份证号、长数据等；

（3）字母符号类：长单词、英语文章、元素周期表等；

（4）图形类：图形顺序、地图、路线图等；

（5）考试类：多选题、有并列知识的问答题等。

四、如何使用串联记忆法

在配对记忆法中，我们学到创建联系的方式是"逻辑、动作、合并"，如果我们将配对的概念进行延伸，进行多次的配对，其实就等效于"串联"。所以串联记忆法也可以利用到这三种方式。

1. 逻辑串联法

逻辑串联法，又叫故事串联法，通过有逻辑的故事将要记忆的各个信息串联起来。有的时候，信息之间本身含有逻辑，这种串联很好形成，借助这种内在的逻辑加以加工就能很好地完成记忆。但是大多数时候，要记忆的信息间是毫无关联、无逻辑的，就需要利用大脑的想象去构建逻辑，从而让信息之间形成在"幻想空间"中的逻辑，

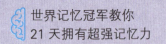
这些逻辑可以是符合现实的，也可以在一定程度上脱离现实。

〔示例 1〕记忆辛弃疾的词《西江月·夜行黄沙道中》

西江月·夜行黄沙道中

［宋］辛弃疾

明月别枝惊鹊，清风半夜鸣蝉。

稻花香里说丰年，听取蛙声一片。

七八个星天外，两三点雨山前。

旧时茅店社林边，路转溪桥忽见。

【译文】天边的明月升上了树梢，惊飞了栖息在枝头的喜鹊，清凉的晚风仿佛传来了远处的蝉叫声。在稻花的香气里，人们谈论着丰收的年景，耳边传来一阵阵青蛙的叫声，好像在说着丰收年。天空中轻云飘浮，闪烁的星星时隐时现，山前下起了淅淅沥沥的小雨。从前那熟悉的茅店小屋依然坐落在土地庙附近的树林中，拐了个弯，茅店忽然出现在眼前。

词中写的是作者在夜行中看到的景象，内含逻辑，而且物象非常丰富，涉及各种感官。我们通过想象，按照诗句的顺序，想象出诗人看到的景象，可以参考下面的图像：

现在，闭上眼睛，想象自己就是作者本人，你在夜行中一步一步看到了什么？听到了什么？感受到了什么？然后根据下面无文字的图检验记忆的效果。

对于这类型知识，只要寻找到了"逻辑主线"，就可以顺着这条线将相关的知识全部串上去。

〔示例2〕记忆冰心的作品集

冰心的代表作品

《繁星》 《春水》 《超人》

《寄小读者》 《往事》 《南归》

《姑姑》 《去国》 《海上》 《好梦》

这是典型的无逻辑内容，并且它们彼此零散、无顺序、无关系。这种情况下，我们就需要自己构建"幻想空间的逻辑"。在初学作文的时候，老师经常会告诉我们描述事件的四要素"时间、地点、人物、事件"，我们可以通过这四要素对这些作品进行整理分类。

人物：《超人》《姑姑》

时间：《春水》

地点：《去国》《海上》《繁星》

事件：《好梦》《往事》《南归》《寄小读者》

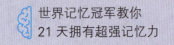

现在，想象一下：

超人带着姑姑飞过春天的水潭，去往海上的他国，夜晚看着繁星点点，超人做了一个好梦，梦中回忆起了往事，他暗下决心等事情完成后要南归家乡寄信给小读者。

2. 动作串联法

动作串联法，又叫直接串联法，是将两两图像通过直接或者间接的动作像锁链一样逐步串联起来的一种方法。动作的方式可以有多种多样，但是一定要注意顺序，特别是在有顺序要求或递进关系的知识点的记忆上。

一般来说，在使用动作串联法时遵循下面的原则：

（1）把知识点转化为具体图像，必要时采用"观望鞋子"的方式；

（2）将图像两两相连，创建联系；

（3）一般使用对感官刺激较深的动作联结（拉、打、砸……）；

（4）物象作为主动和被动的时候尽量采用同一个图像。

〔示例〕用动作串联法记忆下面的一组词语。

耳机　学习　灯泡　恐怖

蹦床　极限　无敌　沙漠

耳机—学习	
一般可能会想成"戴着耳机学习"，这种联结感觉会比较弱，如果改成"耳机里面的音乐影响了我的学习"，这种联结就有明显的主次之分，而且有明显的动作"影响"。	
学习—灯泡	
用"书本"来指代"学习"，想象"在学习的书本上画灯泡"，动作为"画"。	
灯泡—恐怖	
可以联想"灯泡忽明忽暗，非常恐怖"，动作为"明暗"。	

恐怖—蹦床	
有些人会联想成"高空蹦床非常恐怖"，这样就出现了"顺序混乱"的问题，可以想象成"**恐怖**的怪兽跳到了**蹦床**上"，动作为"跳"。	
蹦床—极限	
极限可以转化为"几根线"，想象"**蹦床**用**几根线**挂在空中"，动作为"挂"。	
极限—无敌	
无敌可以想象成"无敌的战士"，想象"**几根线**缠绕住**无敌**的战士"，动作为"缠绕"。	

无敌—沙漠	
想象"无敌的战士被困在沙漠",动作为"被困"。	

通过这样的方式,在脑海中构建图像,用动作将它们联结,我们就实践了动作串联法记忆的具体过程。

3. 合并串联法

合并串联法,又叫抽字串联法,是一种通过抽取信息中关键的字词,然后对抽取的字词进行组合从而记忆并列信息的方法。这种方法因为只保留了关键的字词,减少了要记忆的内容,适合记忆学科中有一定熟悉度的知识。

一般来说,要正确使用合并串联法,需要遵循以下的步骤或原则:

(1)先抽取信息整体或局部内容,优先选择表达形容、数量、动作信息的字词;

(2)尝试组词,对于有顺序的要按照顺序组词,没有顺序要求的自由组词;

(3)将词语组合成有图像的句子;

(4)必须要进行还原复习,检验能否通过关键词还原出完整的意思。

〔示例1〕"四书":《论语》《孟子》《大学》《中庸》

分析:

(1)抽字,可以抽取"论"或者"语""孟""大""中";

(2)尝试组词,可以组成"大语—大雨""大孟—大梦""大中—大钟""孟中—梦中";

(3)组合画面,可以想象"梦中大雨""雨中大梦""猛

抡大钟”均可以；

（4）还原复习，检验通过画面是否能还原出"四书"的具体内容。

〔示例2〕"五经"：《诗经》《尚书》《礼记》
《周易》《春秋》

（1）抽字（词）：只要是不重复的字都可以
抽取；

（2）尝试组词：诗书、礼仪（礼易）、周记、
立春（礼春）、上周（尚周）；

（3）组合画面：可以想象"学诗书和礼仪（或'周
记'）花了一个春秋时间"或者"上周立春作诗"。

（4）还原复习。

〔示例3〕"初唐四杰"：王勃、杨炯、卢照邻、骆宾王

（1）抽字：通常抽取姓，如果姓不好用再用其他字，比如抽取"王、杨、邻、宾"；

（2）尝试组词：汪洋、濒临、亡羊；

（3）组合画面：可以想象"要亡羊补牢，否则濒临灭绝"或者"濒临汪洋大海"；

（4）还原复习。

〔示例4〕"元曲四大家"：关汉卿、郑光祖、
白朴、马致远

（1）抽字：通常抽取姓，比如抽取"关、光、白、马"；

（2）尝试组词：观光、白马；

（3）组合画面：可以想象成"园区里面有可供
观光的白马"；

（4）还原复习。

五、三种串联记忆法对比

通过上面的示例，可以看到三种串联记忆法各有特点，对于记忆材料的要求也不
尽相同。

对于逻辑串联法，核心是"一定要有逻辑"，不论是内在的还是自建的，都必须寻找到一条"逻辑主线"，才能完整地编好故事。它适合于大部分的知识，有逻辑和无逻辑均可。

对于动作串联法，它不强调记忆的整体性，只强调前后的关联性，它对图像的要求很高，一旦中间一个环节忘记了，这条链的后续部分就丢失了。但是它简单易上手，而且适合记忆零散的、无逻辑的信息。

对于合并串联法，它首先需要熟悉各个知识点，因为是通过抽取的部分内容来还原出整体的。它需要灵活地运用"音形义"的想象方式来进行组词，而且抽字和组词一般需要多次尝试，但是它也是最简化记忆量的。适合记忆较为熟悉的内容，注意记忆中可能出现遗漏或者错配的情况。

六、串联记忆法综合练习

〔练习1〕记忆"复句类型"

因果、并列、递进、假设、转折、条件、选择、承接

分析：属于零散的、无逻辑关系的知识点，可以采用合并串联法。

抽字：因、并、递、假、转、条、选、承。

组词：假条、旋转（选转）、因病（因并）、呈递（承递）。

合并：想象"你因为生病，感觉天旋地转，向老师呈递假条"。

〔练习2〕记忆"东南亚陆上五国及首都名称"

缅甸仰光、老挝万象、越南河内、柬埔寨金边、泰国曼谷

分析：属于无逻辑的知识点，可以综合使用合并串联法和故事串联法。

抽字组词：缅仰—绵羊（缅甸仰光）、老象—（老挝万象）、越河（越南河内）、监禁（柬埔寨金边）、太慢（泰国曼谷）。

故事串联：偷渡绵羊和老象越过河流，因为太慢被逮捕监禁。

〔练习3〕记忆"唐宋八大家"

韩愈、柳宗元、苏洵、苏轼、苏辙、王安石、欧阳修、曾巩

分析：属于熟悉但是不容易记忆完整的知识点，可以选用"合并（抽字）串联法"。

分组：韩愈、柳宗元/苏洵、苏轼、苏辙/欧阳修、王安石、曾巩。

抽字串联：寒流/巡视者/修石拱桥。

故事串联：寒流天气，巡视者在修石拱桥。

当然，我们也可以用其他有趣的方式来记忆，发挥自己的思维想象能力，将枯燥的知识转变成有趣的、易于记忆的图像。比如用顺口溜的形式："一韩一柳一欧阳，三苏曾巩带一王""三叔流汗修石拱"等。

第 5 天

记忆宫殿法

一、记忆宫殿法基础知识

记忆宫殿法的诞生，有两种说法：第一种说法颇具传奇色彩，出自西塞罗的作品《演说家》。书中讲述了古希腊有一位名字叫西蒙尼德斯的诗人，他有次在一个宴会厅里演讲诗词，后来被两位神仙叫了出去，当他一出去，宴会厅突然倒塌，里面的宾客被全部砸死，尸体面目全非，难以辨认。西蒙尼德斯根据每个宾客的位置，回忆并认出了每一位死者，带领他们的家属认领尸体，记忆宫殿法就此诞生。另一种说法，记忆宫殿法是由意大利的天主教耶稣会传教士、学者利玛窦（1552—1610）总结并加以运用，被大众所知。利玛窦初来中国时，无论是对中国文化还是语言，他的认知都是零，但凭借惊人的记忆力，他只用了不到两年时间就能流利地运用汉语，后来他又用 10 个月的时间学会了用汉语写作。接着，他又凭借出色的记忆能力记下了中国多部有名的古典著作。后来的利玛窦的事迹被美国史学家史景迁先生写成了《利玛窦的记忆之宫》，书中介绍了他的传教过程以及他所用的记忆方法。

随着记忆技术的发展，记忆宫殿法在概念、形式、操作方法上都发生了很大的变化，逐渐演变成我们今天要学习的"记忆宫殿法"。

记忆宫殿法是指将要学习的、全新的知识进行分组后，依次与我们熟悉的有序内容一一建立联系，然后通过已熟悉内容的顺序来记忆新知识及相应顺序，"记忆宫殿法"也被称为"定位记忆法""定桩记忆法""挂钩记忆法"等。

以下面的"地点桩"为例：

通常我们会靠着墙来找桩，可以让桩的形象更清晰，减少干扰。上图是用全景模式拍的教室的照片，最右边作为起点，我们可以找到 6 个具有明显特点的桩。

假设我们要记这一串数字：6248371684264278827 44492。依次在这些桩上把两个编码找出联系后进行想象，每个桩都是独立的舞台，承载着编码的"表演"。以下是老师想象的画面，供大家参考，你也可以尝试其他的方式。

6248：在椅子上有一头牛（玩具）撞碎了石板。

3716：在音箱上有一只山鸡在啄石榴。

8426：在纸箱上有一辆玩具巴士流出了很多水，形成了河流。

4278：在塑料箱子上有一个柿儿砸中了一只青蛙。

| 8274：在凳子上有一个箭靶，骑士躲在后面避免被射中。 | 4492：在打印机上一条蛇把球儿缠绕得快炸了。 |

在想象时，如果能联想到动态的过程，而不是静态的图片，记忆效果会更好。同时也要注意顺序问题。比如第一个桩如果数字是 4862，则要联想"石板砸到了牛的身上"。现在，你可以闭上眼睛，尝试回想地点桩上的数字：＿＿＿＿＿＿＿＿＿＿。

你会发现，想象得越真实越容易回想，对桩越熟悉回忆得越快，所以如果要建立自己的地点桩，可以先从自己熟悉的环境找，比如家里、办公室、学校等。

这个过程就是运用地点记忆宫殿法的过程，你会发现，你现在甚至可以点背，比如第 4 个地点对应的数字是什么？是不是想到地点桩就回忆起来了，轻松做到"倒背如流"？而这正是记忆宫殿法的优势，宫殿中的桩可以提供大量的记忆线索，让我们可以分组记忆，降低记忆难度。

可能大家会有疑问，怎么去收集那么多的地点呢？首先，记忆宫殿并不是真正意义上的宫殿，它可以是一组有序的物品、一组有序的数字、一组有序的人物关系、一组有序的语句等，重点是"有序""熟悉"。根据所采用的有序的物体类型的不同，可以分为地点记忆宫殿法、数字记忆宫殿法、熟语记忆宫殿法、标题记忆宫殿法、身体记忆宫殿法等，实际上只要是任何有序、有特点的物体都可以，就日常记忆来说，只要你留心观察，生活中有很多可以作为记忆宫殿的东西，在后续部分会作详细介绍。

记忆选手为了获得世界记忆大师荣誉，往往会准备大量的地点桩，储备有 100 组以上（每组 30 个地点桩）的选手有很多，只要留心收集，你也可以拥有庞大的记忆宫殿。

二、记忆宫殿法的使用步骤

根据长期对记忆宫殿法的使用反馈的提炼，我们总结出其常用的使用步骤：

（1）找到合适的"宫殿"。宫殿本身可能是一个大的场景，然后内部包含着我们所要使用的桩子，这些桩子可以是物品、数字、人物、语句等。我们要对这个宫殿内的一切做到尽量的熟悉，最好的方式就是自己建立这样的宫殿，并经常复习。

（2）将知识合理分组。分组前要对于知识进行适当的简化，重点是提炼出关键字词，然后根据逻辑或者长短来进行合理分组。

（3）将分组知识和"宫殿"建立联系。我们可以用桩子和知识点转化的形象直接建立联系，也可以仅仅将桩子作为一个发生"事件"的场所或平台。建立联系的方式可以是配对法，也可以是串联法，还可以是其他有助于我们记忆的各种记忆方法。

（4）复习还原。还原时遵循"地点桩—知识点"的顺序，复习时遵循"科学复习方法"。

从上面的介绍可以看出，记忆宫殿法是多种记忆方法的结合，它的核心是"以熟记新"，包含三个环节，分别为：

首先，需要许多熟悉的记忆宫殿，这需要日常不断积累和使用。

然后，需要对记忆的内容进行分组，有顺序和无顺序的不同要求决定着分组的灵活度。

最后，需要用到前面学习的配对法和串联法，使记忆内容与宫殿产生深刻的联系。

相对于前面学习的"配对联想法""串联法"，记忆宫殿法更加适合记忆很长的知识点，比如：

（1）长篇古诗、文言文、现代文、含大量知识点的文学常识、大段问答题等；

（2）长数据、长公式等；

（3）英语文章等；

（4）图形顺序、路线图、大量零散图片等。

接下来，我们将详细讲解几种常用的"记忆宫殿法"如何在实战记忆中运用。

三、地点记忆宫殿法及示例

地点记忆宫殿法，是专业记忆比赛选手最常用的一种方法，它易于上手，且可以无限拓展"宫殿"。地点记忆宫殿法除了可以用来记忆数字信息之外，也适用于各种类型的长信息。以下以词语记忆为例，为大家做演示。

骨头	牙膏	鼠标	花篮	贡献
鞋子	黑板	学习	牧童	开关
毛巾	大雪	水仙	随便	叮当
大河	发财	红牌	天气	柠檬

现在，我们先来熟悉下面的虚拟地点记忆宫殿：

接着，我们利用记忆宫殿法来记忆：

①骨头、牙膏：想象"在沙发上，用骨头敲击牙膏盒子"。

②鼠标、花篮：想象"在窗帘处用鼠标线编一个花篮"。

③贡献、鞋子："贡献"是抽象词，通过指代转化为"捐款箱"，想象"在窗帘横杆处挂着一个捐款箱，里面放着一只鞋子"。

④黑板、学习：想象"在玻璃处挂着一个黑板，你正在学习"。

⑤牧童、开关：想象"牧童按下了桌子上的开关"。

⑥毛巾、大雪：想象"椅子上的毛巾盖住了一个大雪团"。

⑦水仙、随便：想象"台灯插着水仙花，插得很凌乱、很随便"。

⑧叮当、大河：想象"壁画上挂着铃铛叮当作响，响声震动了里面的大河"。

⑨发财、红牌：想象"你在床上打牌发财了，结果被红牌警告"。

⑩天气、柠檬："天气"是抽象词，指代为"温度计"，想象"长凳上温度计插在一个柠檬上"。

　　按照上面的描述在脑海中想象出对应的图像，记住，一定要出图，然后，根据下

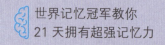

面的图来检验记忆效果：

卧室

四、数字记忆宫殿法及示例

　　数字记忆宫殿法，顾名思义，是利用一组有序的数字形成的"宫殿"，通过数字和要记忆的知识之间建立联系来记忆的方法。因为数字本身是抽象信息，所以需要将数字转化为具体的图像，即对数字进行编码，详细的编码方案可以翻阅本书第 18 天内容。

　　我们以记忆"中国古代十大悲剧"为例。

1. 汉宫秋	2. 窦娥冤
3. 娇红记	4. 精忠旗
5. 桃花扇	6. 赵氏孤儿
7. 琵琶记	8. 清忠谱
9. 雷峰塔	10. 长生殿

1—汉宫秋	
1 的数字编码是"大树"，汉宫秋可以拆分为"汉—汉朝""宫—宫殿""秋—秋天"，联想"秋天，树上的落叶飘到了汉朝的宫殿上"。	
2—窦娥冤	
2 的数字编码是"鹅"，窦娥冤可以转化为"窦娥－逗鹅"，联想"逗鹅的时候被抓了起来，感觉很冤枉"。	
3—娇红记	
3 的数字编码是"弹簧"，娇红记通过倒叙可以转化为"红椒"，联想"弹簧里面塞满了红色的辣椒"。	

4—精忠旗	
4 的数字编码是"帆船"，精忠旗可以指代为"岳飞拿着精忠报国的旗帜"，联想"岳飞把精忠报国的旗帜插在帆船上"。	
5—桃花扇	
5 的数字编码为"钩子"，桃花扇可以转化为"桃花扇子"，联想"钩子上勾着一把桃花扇子"。	
6—赵氏孤儿	
6 的数字编码为"勺子"，联想"用勺子给赵氏孤儿喂饭"。	

7—琵琶记

7 的数字编码是"镰刀"，琵琶记指代为"琵琶"，联想"镰刀割断了琵琶的弦"。

8—清忠谱

8 的数字编码是"眼镜"，清忠可以转化为"清水中"，联想"眼镜放在清水中央"。

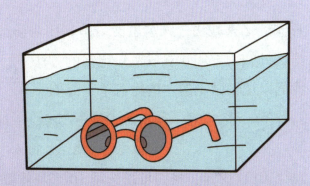

9—雷峰塔

9 的数字编码是"喷头"，雷峰塔可以通过"塔上有避雷针"来提示，联想"喷头放在雷峰塔上当避雷针"。

10——长生殿	
10 的数字编码是"棒球"，长生殿指代为"长生不老药"，联想"拿着**棒球**棒去抢**长生**不老药"。	

五、身体记忆宫殿法及示例

身体记忆宫殿法，顾名思义，是利用身体部位形成的"宫殿"，通过将每个部位和要记忆的知识之间建立联系来记忆的方法。

我们以记忆常见的"购物清单"为例：

面粉　鸡蛋　西红柿　洗衣液　排骨

垃圾袋　啤酒　搓衣板　剃须刀　大米

总计 10 项内容，我们可以选用 10 个身体部位，部位参考如下：

头顶　眼睛　鼻子　嘴巴　肩膀

手　肚子　膝盖　小腿　脚底

接着，我们进行配对联想：

头顶—面粉：可以想象"头上被倒了一袋面粉"。

眼睛—鸡蛋：可以想象"眼睛睁得和鸡蛋一样大"。

鼻子—西红柿：可以想象"鼻头红红的像西红柿"。

嘴巴—洗衣液：可以想象"嘴巴里面在吐洗衣液，还冒泡泡"。

肩膀—排骨：可以想象"肩膀上挂着一串排骨"。

手—垃圾袋：可以想象"手上套着垃圾袋"。

肚子—啤酒：可以想象"啤酒肚，肚子大大的"。

膝盖—搓衣板：可以想象"被罚膝盖跪在搓衣板上"。

小腿—剃须刀：可以想象"用剃须刀剃小腿的毛"。

脚底—大米：可以想象"脚底踩在大米上，非常舒爽"。

联想完成！现在请回忆下，是否记得所有内容？你会发现，只要找到对应的"桩"，内容就都回忆起来了。身体记忆宫殿是很容易上手的一种记忆方法，因为我们对自己的身体结构非常熟悉，而且适用于需要紧急记忆的情况。比如说紧急会议、发言、即兴演讲等，我们可以先对资料进行分组然后用身体部位提示，可以达到快速记忆的效果。

第6天

记忆宫殿法进阶

接下来我们将接着学习几种进阶的记忆宫殿法，并对各种记忆宫殿法进行对比和总结。

一、熟语记忆宫殿法及示例

熟语记忆宫殿法，顾名思义，就是利用我们常用的成语、谚语、古诗或熟悉的句子形成"宫殿"，通过将熟语中的每个字和要记忆的知识之间建立联系来记忆的一种方法。

在使用熟语记忆宫殿法时，一般要求句子中不存在同样的字词，如果无法避免，那么也只能使用其中一个，避免对回忆造成干扰。

我们以记忆著名的"世界十大文豪"为例：

世界十大文豪

1. 古希腊诗人——荷马

2. 意大利诗人——但丁

3. 德国诗人、剧作家、思想家——歌德

4. 英国积极浪漫主义诗人——拜伦

5. 英国文艺复兴时期剧作家、诗人——莎士比亚

6. 法国著名作家——雨果

7. 印度作家、诗人和社会活动家——泰戈尔

8. 俄国文学巨匠——列夫·托尔斯泰

9. 苏联无产阶级文学奠基人——高尔基

10. 中国现代伟大的文学家、思想家、革命家——鲁迅

十项记忆内容，我们很容易想到利用"五言古诗"其中的两句来记忆，比如借助诗句：床前明月光，疑是地上霜。

1. 古希腊诗人——荷马	床	
床上有一只很大的河马。		
2. 意大利诗人——但丁	前	
酒店的前台有很多断掉的钉子。		
3. 德国诗人、剧作家、思想家——歌德	明	
在明亮的镜子前歌功颂德。		
4. 英国积极浪漫主义诗人——拜伦	月	
拜半轮月亮。		
5. 英国文艺复兴时期剧作家、诗人——莎士比亚	光	
莎士比亚是一个光头。		

6. 法国著名作家——雨果	疑	
蚂蚁在雨中吃水果。		
7. 印度作家、诗人和社会活动家——泰戈尔	是	
这个西红柿太硌耳朵了。		
8. 俄国文学巨匠——列夫·托尔斯泰	地	
地上躺着托着耳朵的师太。		
9. 苏联无产阶级文学奠基人——高尔基	上	
高尔夫球飞到了天上。		
10. 中国现代伟大的文学家、思想家、革命家——鲁迅	霜	
鲁迅面若冰霜。		

二、人物记忆宫殿法及示例

人物记忆宫殿法，是利用一组熟悉且有明显次序的人物组合构成"宫殿"，通过将每个人物和要记忆的知识之间建立联系来记忆的方法。比如家庭成员，或者一些影视作品中的人物组合（葫芦兄弟、三国英雄人物等）。

我们以记忆徐志摩的《再别康桥》为例：

再别康桥

轻轻的我走了，正如我轻轻的来；

我轻轻的招手，作别西天的云彩。

那河畔的金柳，是夕阳中的新娘；

波光里的艳影，在我的心头荡漾。

软泥上的青荇，油油的在水底招摇；

在康河的柔波里，我甘心做一条水草！

那榆荫下的一潭，不是清泉，是天上虹；

揉碎在浮藻间，沉淀着彩虹似的梦。

寻梦？撑一支长篙，向青草更青处漫溯；

满载一船星辉，在星辉斑斓里放歌。

但我不能放歌，悄悄是别离的笙箫；

夏虫也为我沉默，沉默是今晚的康桥！

悄悄的我走了，正如我悄悄的来；

我挥一挥衣袖，不带走一片云彩。

首先，我们需要进行分段，可以按照每一句来划分，这样整体是 7 个部分。

接下来，我们需要寻找一组包含七人的人物组合，这里选择大家熟知的《西游记》中的人物来作为人物定桩的点，分别为"如来佛祖""观音菩萨""唐僧""孙悟空""猪八戒""沙和尚""白龙马"。

最后，将诗句内容与人物的特征进行结合。

轻轻的我走了， 正如我轻轻的来； 我轻轻的招手， 作别西天的云彩。	如来佛祖	
"轻轻"想到佛祖的云彩，飘来飘去。佛祖在招手，飞到了西天。		
那河畔的金柳， 是夕阳中的新娘， 波光里的艳影， 在我的心头荡漾。	观音菩萨	
"金柳"想到了观音手中的净瓶，"新娘"的婚纱与观音的衣着相似，"波光"想到观音经常从南海而来，"心头"想到菩萨心肠。		
软泥上的青荇， 油油的在水底招摇； 在康河的柔波里， 我甘心做一条水草！	唐僧	
这一部分可以联想唐僧掉入通天河的时候，踩在"软泥"上，看到"油油的水草"，感受着河水的柔波，他很佛系，觉得做一条水草也不错。		
那榆荫下的一潭， 不是清泉，是天上虹； 揉碎在浮藻间， 沉淀着彩虹似的梦。	孙悟空	
联想悟空站在一潭泉水里，看着清泉，想到了以前穿得像彩虹的自己，感到有点浮躁，于是把心思揉碎扔到泉水里沉了下去。		

寻梦？撑一支长篙， 向青草更青处漫溯， 满载一船星辉， 在星辉斑斓里放歌。	猪八戒	
猪八戒的特点是爱睡觉，联想他梦见自己撑着长篙，划开了青草，载着一船的星辉，很享受地放声歌唱。		
但我不能放歌， 悄悄是别离的笙箫； 夏虫也为我沉默， 沉默是今晚的康桥！	沙僧	
沙僧的话很少，联想他闭上自己的嘴巴，拿着笙箫，上面停着的知了也沉默了，他站在桥上。		
悄悄的我走了， 正如我悄悄的来； 我挥一挥衣袖， 不带走一片云彩。	白龙马	
最后一部分跟第一部分很相似，注意有区别的词语即可。"悄悄"可以联想白龙马走路会"敲"地面。"衣袖"想到了白龙马变为人形时穿的衣服。		

三、标题记忆宫殿法及示例

标题记忆宫殿法，是利用我们要记忆内容的标题作为"宫殿"，通过将标题中的字词和要记忆的知识之间建立联系来记忆的方法。

〔示例1〕记忆"中英《南京条约》"

> 1. 中国割让香港岛给英国；
>
> 2. 赔款2100万银元；
>
> 3. 开放广州、厦门、福州、宁波、上海五处为通商口岸；
>
> 4. 英商进出口货物缴纳的税款，中国须同英国商定。

分析：总计四条，正好与标题《南京条约》的字数相对应，因此可以利用标题定桩法来记忆。

南—中国割让香港岛给英国：想象"香港岛在中国南边的位置"。

京—赔款2100万银元：21的数字编码是"鳄鱼"，想象"金银都被鳄鱼吃进肚子了"。

条—开放五处通商口岸：通商口岸可以利用抽字串联法，想象"广播上的条幅上下浮动"。

约—关税须同英国商定：关税由英国同中国约定。

这就是利用"标题定桩法"记忆的具体操作步骤，它有一个突出的好处是不需要提前准备记忆桩子，完全根据标题而定。

〔示例2〕记忆古诗《白雪歌送武判官归京》

白雪歌送武判官归京

〔唐〕岑参

北风卷地白草折，胡天八月即飞雪。

忽如一夜春风来，千树万树梨花开。

散入珠帘湿罗幕，狐裘不暖锦衾薄。

将军角弓不得控，都护铁衣冷难着。

瀚海阑干百丈冰，愁云惨淡万里凝。

中军置酒饮归客，胡琴琵琶与羌笛。

纷纷暮雪下辕门，风掣红旗冻不翻。

轮台东门送君去，去时雪满天山路。

山回路转不见君，雪上空留马行处。

标题的字数正好和句子的总数对应，且标题没有重复字，很适合使用"标题记忆宫殿法"。

北风卷地白草折， 胡天八月即飞雪。	白	
联想"白色的草，上面有很多飞雪"。		
忽如一夜春风来， 千树万树梨花开。	雪	
联想"雪花被春风吹到梨花树上"。		
散入珠帘湿罗幕， 狐裘不暖锦衾薄。	歌	
联想"穿着狐裘的人的歌声从珠帘透出"。		
将军角弓不得控， 都护铁衣冷难着。	送	
联想"将军送别穿铁衣的都护"。		

瀚海阑干百丈冰， 愁云惨淡万里凝。	武	
联想"在沙漠里练武，将沙子踢到云里"。		
中军置酒饮归客， 胡琴琵琶与羌笛。	判	
联想"在中军帐中判断胡琴与琵琶的声音"。		
纷纷暮雪下辕门， 风掣红旗冻不翻。	官	
联想"官员住在辕门，外面有被冻住的红旗"。		
轮台东门送君去， 去时雪满天山路。	归	
联想"送君归去，在满是雪的天山路上"。		
山回路转不见君， 雪上空留马行处。	京	
联想"京城和军营间的山路上有雪和马蹄印"。		

四、场景记忆宫殿法及示例

场景记忆宫殿法是地点记忆宫殿法（地点定桩法）的延伸，是将我们要记忆的内容放在一个与内容相关的场景中进行记忆，这样可以达到快速记忆和准确提取的目的。

我们以记忆"关爱他人应该怎么办？"为例：

> （1）要心怀善意，并心怀友善，学会关心、体贴和帮助他人。
>
> （2）要讲究策略，要考虑他人的内心感受，在保护自己的前提下采取果敢和理智的行动。
>
> （3）要尽己所能，关爱不分大小，贵在有爱心。
>
> （4）关爱他人不是一朝一夕的事情，需要我们长期付出努力和共同行动。

我们首先需要预设一个场景，"关爱他人"，生活当中很多这样的场景，这里选用场景：扶老奶奶过马路。然后抽取每一句话的关键词，再与场景结合起来，形成下面的场景图。

①关键词"心怀友善"，联想"小女孩心怀友善，所以帮助老奶奶过马路"。

②关键词"讲究策略"，联想"小女孩过马路讲究策略，会左右看路，而且慢慢地过马路，既考虑了老奶奶的感受，对自己也是一种保护"。

③关键词"尽己所能"，联想"小女孩尽自己所能把老奶奶一路送到了家门口"。

④关键词"长期努力"，联想"小女孩每天都帮助别人，日行一善，长期努力，每天都会记录下来"。

五、各类记忆宫殿法比较

方法	桩子类型	优点	缺点
地点记忆宫殿法	地点空间	可以无限扩充，场景感很强，符合现实世界。	需要找地点桩，比较费时，如果有很多地点桩，需进行管理。
数字记忆宫殿法	数字	熟悉编码上手很快，可以应付大多数记忆场景。	数字桩有限，反复使用可能会记混。
身体记忆宫殿法	身体部位	编码不用刻意熟悉，代入感很强，记忆较深刻。	编码数量少，不适合记忆很长的内容。
熟语记忆宫殿法	熟语	很灵活，可以让记忆更有趣。	需要搜集合适的熟语，一般不容易记忆长内容。
人物记忆宫殿法	人物	与记忆内容联系好建立。	人物桩子比较难找。
标题记忆宫殿法	内容的标题	十分灵活，无需提前准备桩子。	标题过短则不好处理，需要一个字词记忆多项内容才能解决。
场景记忆宫殿法	构建的场景	可以记忆长难内容，且与记忆的主题密切相关，万事万物均可作桩。	前期难度较大，需要大脑有较强的出图能力。

第三部分
方法应用

日进有功，乘风飞渡记忆高峰

在第二部分中，我们已经学习了记忆方法的基础理论，接下来我们将用大量的实战案例来训练方法的运用，涉及信息包括中文、英文、数字及图形。大家在学习的时候，除了运用书里的方法进行记忆，也可以尝试自行联想，与书中方法做对比，这对于方法的掌握将会更有作用。

第 7 天

中文字词、百科知识和单选题记忆

中文被评为世界上最难学习的语言之一，由于大量的"多音字""多义字""相似字"，中文字词很容易读错或者写错。在我国的教育体系中，学习中文占据了很大的比重，考核从小学一直延续到高中，通过配对联想法可以很好地解决记忆中文字词的难题。

一、易读错汉字记忆方法分析

《人民日报》曾经整理了一篇《易读错的 116 个汉字》，看一看你能读对多少个？

一读就错的 116 个汉字

1. 结束 ~~sù~~ shù	10. 筵席 ~~yàn~~ yán	19. 殷红如血 ~~yīn~~ yān
2. 强劲 ~~jìn~~ jìng	11. 禅让 ~~chán~~ shàn	20. 亚洲 ~~yǎ~~ yà
3. 召开 ~~zhāo~~ zhào	12. 自怨自艾 ~~ài~~ yì	21. 洞穴 ~~xué~~ xué
4. 迁徙 ~~xí~~ xǐ	13. 呱呱落地 ~~guā~~ gū gū	22. 室内 ~~shǐ~~ shì
5. 勉强 ~~qiáng~~ qiǎng	14. 住宿 ~~xiǔ~~ sù	23. 给予 ~~gěi~~ jǐ
6. 粗犷 ~~kuàng~~ guǎng	15. 读书百遍，其义自见 ~~jiàn~~ xiàn	24. 角色 ~~jiǎo~~ jué
7. 果实累累 ~~léi~~ léi léi	16. 一叶扁舟 ~~biǎn~~ piān	25. 关卡 ~~kǎ~~ qiǎ
8. 良莠不齐 ~~yòu~~ yǒu	17. 博闻强识 ~~shí~~ zhì	26. 凹陷 ~~yáo~~ āo
9. 瑕不掩瑜 ~~yù~~ yú	18. 虚以委蛇 ~~shé~~ yí	27. 拗口 ~~niù~~ ào

28. 芭蕾 lěi ~~léi~~	47. 踟蹰 chí chú ~~zhī zhù~~	66. 呼天抢地 qiāng ~~qiǎng~~
29. 巷道 hàng ~~xiàng~~	48. 粗糙 cāo ~~zào~~	67. 怙恶不悛 hù quān ~~gǔ jùn~~
30. 炽热 chì ~~zhì~~	49. 猝不及防 cù ~~cuì~~	68. 回溯 sù ~~shuò~~
31. 蚌埠 bèng ~~bàng~~	50. 大腹便便 pián ~~biàn~~	69. 戛然而止 jiá ~~gá~~
32. 秘鲁 bì ~~mì~~	51. 胆怯 qiè ~~què~~	70. 校对 jiào ~~xiào~~
33. 贲临 bì ~~bēn~~	52. 堤岸 dī ~~tí~~	71. 酵母 jiào ~~xiào~~
34. 裨益 bì ~~pí~~	53. 恫吓 dòng hè ~~tòng xià~~	72. 匕首 bǐ ~~bí~~
35. 鞭笞 chī ~~tái~~	54. 对峙 zhì ~~sì~~	73. 狙击 jū ~~zǔ~~
36. 鞭挞 tà ~~dá~~	55. 阿谀 ē ~~ā~~	74. 角逐 jué ~~jiǎo~~
37. 屏息 bǐng ~~píng~~	56. 饿殍 piǎo ~~fú~~	75. 倔强 jiàng ~~qiáng~~
38. 不啻 chì ~~dì~~	57. 菲薄 fěi ~~fēi~~	76. 龟裂 jūn ~~guī~~
39. 不卑不亢 kàng ~~kāng~~	58. 分袂 mèi ~~jué~~	77. 恪守 kè ~~gè~~
40. 猜度 duó ~~dù~~	59. 刚愎自用 bì ~~fù~~	78. 莅临 lì ~~wèi~~
41. 谄媚 chǎn ~~xiàn~~	60. 高丽 lí ~~lì~~	79. 耄耋之年 mào dié ~~mǎo zhì~~
42. 忏悔 chàn ~~qiān~~	61. 蛤蜊 gé ~~gá~~	80. 面面相觑 qù ~~xū~~
43. 徜徉 cháng yáng ~~tǎng yàng~~	62. 皈依 guī ~~fàn~~	81. 谬论 miù ~~miào~~
44. 嗔怪 chēn ~~tiān~~	63. 诡谲 jué ~~jú~~	82. 整饬 chì ~~shāng~~
45. 瞠目结舌 chēng ~~tǎng~~	64. 颔首 hàn ~~hé~~	83. 流水淙淙 cóng ~~zōng~~
46. 肄业 yì ~~sì~~	65. 荷枪实弹 hè ~~hé~~	84. 剽悍 piāo ~~biāo~~

85. 鄱阳湖 ~~bó~~ (pó)	96. 胴体 ~~tǒng~~ (dòng)	107. 赝品 ~~yǐng~~ (yàn)
86. 潜力 ~~qiǎn~~ (qián)	97. 拓本 ~~tuò~~ (tà)	108. 一哄而散 ~~hòng~~ (hòng)
87. 倾轧 ~~zhá~~ (yà)	98. 唾手可得 ~~chuí~~ (tuò)	109. 一曝十寒 ~~bào~~ (pù)
88. 请帖 ~~tiē~~ (tiě)	99. 吮吸 ~~yǔn~~ (shǔn)	110. 翌日 ~~yǔ~~ (yì)
89. 龉齿 ~~jù~~ (qǔ)	100. 相形见绌 ~~zhuó~~ (chù)	111. 阴霾 ~~lí~~ (mái)
90. 冗长 ~~róng~~ (rǒng)	101. 心广体胖 ~~pàng~~ (pán)	112. 游说 ~~shuō~~ (shuì)
91. 妊娠 ~~chén~~ (shēn)	102. 星宿 ~~sù~~ (xiù)	113. 越俎代庖 ~~qiě bāo~~ (zǔ páo)
92. 潸然泪下 ~~càn~~ (shān)	103. 噱头 ~~jù~~ (xué)	114. 针灸 ~~jiū~~ (jiǔ)
93. 商贾 ~~jiǎ~~ (gǔ)	104. 循规蹈矩 ~~jù~~ (jǔ)	115. 箴言 ~~shèn~~ (zhēn)
94. 莘莘学子 ~~xīn~~ (shēnshēn)	105. 兄弟阋墙 ~~ní~~ (xì)	116. 症结 ~~zhèng~~ (zhēng)
95. 狩猎 ~~shǒu~~ (shòu)	106. 燕京 ~~yàn~~ (yān)	

对于易读错的汉字，为了准确记忆，我们可以思考将其与正确读音对应的汉字建立配对关系，然后利用前面学习的配对联想法来记忆。

举例："朱棣"的"棣"读音为 dì，很多人会读成 lì。

分析：dì 的发音可以想到"地""弟""帝"。

记忆方法：联想"朱棣大帝"或"朱棣有一个弟弟"，从而准确地记住"朱棣"的正确读音。

因此，我们可以总结出"记忆易读错汉字的记忆方法"：

（1）首先明确汉字的意义，读准汉字的发音；

（2）找到准确读音对应的同音字；

（3）将同音字和字词的意义进行配对联想记忆。

记忆举例：常见易读错汉字

针灸 jiǔ	
分析：同音字可以选用"酒"，想象"针灸前需要用酒精来消毒"。	
晕船 yùn	
分析：同音字可以选用"孕"，想象"孕妇很容易晕船"。	
骰子 tóu	
分析：这个字很多人会读错，同音字可以选用"投"，想象"将骰子投出去"。	
肖像 xiào	
分析：同音字可以选用"笑"，想象"拍肖像照的时候要笑"。	

应届生 yīng	
分析：同音字可以选用"鹰"，想象"应届生应该像老鹰一样展翅高飞"。	
勾当 gòu	
分析：同音字可以选用"够"，想象"因为钱不够所以就去做见不得人的勾当"。	
烘焙 bèi	
分析：同音字可以选用"倍"，想象"食物经过烘焙后加倍好吃"。	
创伤 chuāng	
分析：同音字可以选用"窗"，想象"被窗户夹了，受到了创伤"。	

笨拙 zhuō	
分析：同音字可以选用"桌"，想象"人很笨拙，桌子都擦不好"。	
处理 chǔ	
分析：同音字可以选用"楚"，想象"把事情处理清楚"。	
渲染 xuàn	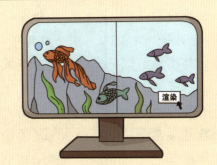
分析：同音字可以选用"炫"，想象"渲染之后的动画相当酷炫"。	
撒网 sā	
分析：同音字可以选用"仨"，想象"仨人才能撒好网"。	

二、易写错汉字记忆方法分析

汉字中存在很多的"相似字"，导致汉字也很容易写错，《人民日报》曾统计过绝大多数人都会写错的 99 个汉字，看一看你有写错过吗？

正确	错误	正确	错误
博弈	搏弈	震撼	震憾
脉搏	脉膊	妨碍	防碍
部署	布署	宣泄	渲泄
川流不息	穿流不息	恻隐	侧隐
专横跋扈	专横拔扈	人情世故	人情事故
按部就班	按步就班	人才辈出	人才倍出
出其不意	出奇不意	一筹莫展	一愁莫展
不无裨益	不无稗益	一如既往	一如继往
奴颜婢膝	奴颜卑膝	一诺千金	一诺千斤
言简意赅	言简意骇	对簿公堂	对薄公堂
矫揉造作	娇揉造作	心力交瘁	心力交悴

正确	错误	正确	错误
嗫瑟	得瑟	坐镇	坐阵
松弛	松驰	辐射	幅射
打蜡	打腊	重叠	重迭
蛰伏	蜇伏	金刚钻	金钢钻
坐月子	做月子	闻名遐迩	闻名遐尔
甘拜下风	甘败下风	年方二八	年芳二八
细水长流	细水常流	站稳脚跟	站稳脚根
不胫而走	不径而走	貌合神离	貌和神离
鬼鬼祟祟	鬼鬼崇崇	呕心沥血	沤心沥血
相辅相成	相辅相承	挑肥拣瘦	挑肥捡瘦
相形见绌	相形见拙	黄粱美梦	黄梁美梦

正确	错误	正确	错误
安装	按装	寒暄	寒喧
粗犷	粗旷	和谐	合谐
惊愕	惊谔	候车	侯车
果腹	裹腹	挖墙脚	挖墙角
度假村	渡假村	戛然而止	嘎然而止
墨守成规	默守成规	直截了当	直接了当
随声附和	随声附合	金榜题名	金榜提名
迫不及待	迫不急待	不能自已	不能自己
蛛丝马迹	蛛丝蚂迹	噤若寒蝉	惊若寒蝉
六根清净	六根清静	谈笑风生	谈笑风声
无所不用其极	无所不用其及	世外桃源	世外桃园

正确	错误	正确	错误
经典	精典	针砭	针贬
严峻	严竣	青睐	亲睐
明信片	名信片	磕巴	嗑巴
小两口	小俩口	大拇指	大姆指
鼎力相助	鼎立相助	美轮美奂	美伦美奂
天之骄子	天之娇子	悬梁刺股	悬梁刺骨
前仆后继	前扑后继	愣头愣脑	楞头楞脑
竭泽而渔	竭泽而鱼	再接再厉	再接再励
既往不咎	既往不纠	按捺不住	按耐不住
有错必纠	有错必究	滥竽充数	滥芋充数
同仇敌忾	同仇敌慨	旁征博引	旁证博引

正确	错误
赃款	脏款
九霄	九宵
九州	九洲
莫须有	莫虚有
黄浦江	黄埔江
黄埔军校	黄浦军校
图文并茂	图文并貌
金碧辉煌	金壁辉煌
蓬荜生辉	蓬壁生辉
声名鹊起	声名雀起
两全其美	两全齐美

对于易写错的汉字，要解决"写"的问题，就要学会观察汉字。

举例："喝彩"这个词很多人容易写成"喝采"。

分析：观察"彩"的字形结构，右侧是三个"丿"，喝彩我们可以想到"鼓掌"，想象"看到精彩的表演时要喝彩，鼓了三次掌"。

通过上面的例子,我们可以得出记忆"易写错汉字"的方法步骤是：

（1）明确汉字的意义和写法；

（2）观察汉字的结构特点，可以通过整体观察或者拆分观察的方式来寻找特点；

（3）将意义与构词特点进行配对联想记忆。

记忆举例：常见易写错汉字

（荧／萤）光	
分析：正确的汉字下方是"火"，想象"荧光像微弱的火光一样"。	
（侯／候）车室	
分析：正确的汉字中间有一个"丨"，很像栏杆，想象"候车室有很多栏杆"。	
哈（密／蜜）瓜	
分析：正确的汉字下方是"山"，可以想象"哈密瓜是种在山上的"或者"哈密瓜种得特别密集"。	
挖墙（脚／角）	
分析：正确的汉字跟"脚步"有关，想象"你要挖墙脚，就要先用脚步测量距离"。	

世外桃（园 / 源）	
分析：正确的汉字可以联想到"水源""源头"，想象"世外桃源一定有水源"。	
一（副 / 幅）对联	
分析：正确的汉字的偏旁是"刂"，立刀旁，想象"用刀将一副对联分成两半"。	
别出（新 / 心）裁	
分析：正确的汉字可以联想到"用心"，想象"要想别出心裁，就需要用心去思考"。	
英雄（辈 / 倍）出	
分析：正确的汉字可以联想到"辈分"，想象"在这个英雄辈出的地方，英雄的辈分很高"。	
无精打（采 / 彩）	
分析：正确的汉字可以联想到"采集""采摘"，想象"采摘了一整天，累得无精打采"。	

三、百科知识及单选题记忆方法分析

相信很多朋友都看过电视节目《一站到底》，这是一档答题闯关的综艺节目，里面会通过单选题的形式考察大量的百科知识，如果你能熟练掌握配对联想法，也有机会成为答题达人。

单选题是考试的常见形式，这类知识点的突出特点是"毫不关联""零碎化""一一对应"，运用"配对联想法"进行快速关联，可以提高记忆速度和准确率。接下来，我们就以百科知识为例，进行实战展示。

通过前面配对联想法的学习，我们可以总结具体的步骤：

（1）将百科知识分别转化成具体的形象，转化方法可以参考"观望鞋子"；

（2）采用"逻辑、动作、合并"等方式将两个形象生动地联系起来。

1.记忆举例：作家字号及别称

苏轼—字子瞻
分析：苏轼，可以谐音为"舒适""素食"，也可以指代为"东坡肉"；子瞻，通过增减字可以转化为"子孙瞻仰"，或者谐音为"纸粘"。 配对：①想象"苏轼舒适地躺着，让子孙后代瞻仰"；②"素食主义者的奠基人受到子孙瞻仰"；③"东坡肉被纸粘着了"。

司马迁—字子长	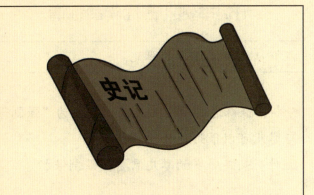
分析：司马迁书写了著名的《史记》，因此可以用《史记》来代表司马迁，也可以通过司马迁"受刑"来表示；"子长"可以转化为"字长""子孙长久"。 配对：想象"史记里面字很长很长"或者"司马迁因为受刑，无法子孙长久"。	
陆游—字放翁	
分析：陆游，通过望文生义可以转化为"在陆地旅游"，通过谐音可以转化为"路由器"，"放翁"通过增减字可以转化为"放牛翁"。 配对：想象"在陆地旅游时碰到一个放牛翁"或者"放牛翁手里拿着一个路由器"。	
辛弃疾—号稼轩	
分析：辛弃疾，通过谐音可以转化为"新契机"，"稼轩"通过倒叙法和谐音法可以转化为"悬架"或者"选家"。 配对：想象"通过悬架找到了致富的新契机"或者"选家地址上有了新契机"。	
欧阳修—号醉翁，晚年号六一居士	
分析：欧阳修，可以转化为"欧阳锋＋修"，"醉翁"通过望文生义转化为"喝醉的老翁"，"六一"通过指代联想到"儿童节"。 配对：想象"欧阳锋不修边幅，成了一个喝醉的老翁，想着自己过六一儿童节"。	

85

2.记忆举例：古代年龄称谓

襁褓：指未满周岁的婴儿。 分析：襁褓通过望文生义可以转化为"强制保护"，与婴儿可以很好地匹配联想。 配对：未满周岁的婴儿需要被强制保护。	
孩提：指 2-3 岁的儿童。 分析：孩提通过倒叙法转化为"提孩"，2 和 3 可以想象成数量。 配对：妈妈提着 2 个孩子走路，一共 3 个人。	
垂髫（tiáo）：指幼年儿童（又叫"总角"）。 分析：垂髫通过望文生义法和谐音法可以转化为"垂下来条辫子"。 配对：幼年儿童总是垂下来两条长长的辫子。	
豆蔻：指女子十三岁。 分析：豆蔻可以转化为"豆角"或者"豆子形状的扣子"，13 可以谐音转化为"医生"。 配对："医生在给豆角看病"或者"医生在扣豆子形状的扣子"。	
及笄（jī）：指女子十五岁。 分析：及笄可以谐音为"唧唧叫"，15 可以谐音为"鹦鹉"。 配对：鹦鹉对着女孩子唧唧叫。	

加冠：指男子二十岁（又叫"弱冠"）。	
分析：加冠可以转化为"架设管道"，20通过义的方式转化为"香烟"。 配对：想象"一个看着瘦弱的男子叼着烟在架设管道"或者"男子抽烟太多，身体很弱"。	
而立之年：指三十岁。	
分析：而立可以转化为"站立"，30可以想象为"三轮车"。 配对：骑着三轮车拉客，骑到站立起来。	
不惑之年：指四十岁。	
分析：不惑望文生义可以转化为"不疑惑"，40通过谐音转化为"司令"。 配对：司令发布命令时从不疑惑。	
知命之年：指五十岁，又叫"知天命""半百"。	
分析：知命通过望文生义可以转化为"知道自己的命运"，50可以谐音为"武林"，半百可以谐音为"斑白"。 配对：斑斑白发的老人说"踏进武林的那一刻，就知道了自己的命运"。	踏进武林的那一刻，就知道了自己的命运。
花甲之年：指六十岁。	
分析：花甲可以想到美食"花甲"，60可以谐音为"榴莲"。 配对：老人家喜欢吃榴莲配花甲。	

古稀之年：指七十岁。 分析：古稀通过望文生义可以转化为"古代稀有"，70 可以谐音为"麒麟"。 配对：麒麟是古代稀有的神兽。	
耄耋（mào dié）之年：指八九十岁。 分析：耄耋均是生僻字，可以分别转化为"帽子"和"蝴蝶"。 配对：老人的帽子上有只蝴蝶，形状像数字 8。	
期颐之年：指一百岁。 分析：期颐可以谐音为"奇异"。 配对：活到 100 岁是很奇异的。	

3. 记忆举例：四大名著及对应作者

《三国演义》：罗贯中 分析：罗贯中，罗可以谐音为"锣（敲锣）"，贯中可以谐音为"观众"。 配对：锣声一响，观众就知道三国的战争故事开幕了。	

《水浒传》：施耐庵

分析：施可以转化为"施舍"，水浒可以谐音为"水壶"或者指代为"108好汉"。

配对：想象"在庵门前给108好汉施粥"或者"在庵门前给一个贫苦人家施舍了一个水壶"。

《西游记》：吴承恩

分析：吴可以谐音为"吾（意思是'我'）"，承恩望文生义为"承蒙恩情"。

配对：悟空说"吾承蒙师傅的恩情相伴西游"。

《红楼梦》：曹雪芹

分析：曹可以谐音为"草"，雪芹可以谐音为"学琴"。

配对：在红楼旁的草地上学琴。

4. 记忆示例：古代四大美女

西施：沉鱼

分析：西施可以望文生义为"有溪水的湿地"。

配对：西施在湿地的小溪旁放生了一条沉甸甸的鱼。

王昭君：落雁	
分析：昭可以转化为"召唤"，落雁可以转化为"雁落"。 配对：国王召唤王昭君，大雁就随即落了下来。	
貂蝉：闭月	
分析：貂蝉可以转化为"吊着蝉"，闭月可以谐音为"蔽月"。 配对：貂蝉用笼子吊着蝉，遮蔽月光不让它飞走。	
杨玉环：羞花	
分析：杨可以想到"杨树"，玉环可以想成"玉做的手环"，羞花可以谐音为"修花"。 配对：杨玉环戴着玉做的手环，来到杨树边修剪花丛。	

四、总结

前面我们介绍了配对联想法能够适用的各个范畴，核心是"一对一的知识"，本节我们花了大量的篇幅来介绍中文类的记忆案例，随着持续的学习，你将看到配对联想法在更多知识维度上的运用。

在使用配对联想法时，关键点是对于配对信息的转化过程，一定要善用"观望鞋子"这几种方式。核心点是建立联系，这种联系既要尽量简单，又要令人印象深刻，所以需要经常去使用"逻辑、动作、合并"这些方式来做练习。

在日常工作生活学习中，遇到符合配对联想法使用的信息时，要有意识地使用记忆方法。比如认识新的朋友，或者记住停车位等，对于提升记忆能力会有很大的帮助。

第 8 天

并列信息和多选题记忆

并列信息，就是信息之间的地位是平等的，有一些并列信息彼此之间没有明确的顺序关系，比如前面讲到的《四书》《五经》；有一些信息存在顺序关系，比如记忆历史朝代时，必须按照顺序进行联想。这些信息在考试题型上表现为多选题，特点是一个主题对应多个信息点，适合运用串联记忆法。

在实战之前，我们先回顾一下各种串联法的核心要点："合并串联法"需要先熟悉记忆的内容，然后灵活抽字和组词，最后形成有画面的句子；"动作串联法"侧重于两两结合，用直接动作或者间接动作建立联系；"逻辑串联法"意在通过内在逻辑或者自创逻辑的方式来编故事。三种方法在记忆完成后都需要进行复原检验，尤其是"合并串联法"。

一、合并串联法记忆举例

1. "四大悲剧"：《哈姆雷特》《奥赛罗》《麦克白》《李尔王》

分析：

（1）抽字：一般情况下我们抽取第一个字，如果不利于组词再抽取其他字，这里我们可以抽取"哈、奥／罗、麦／白、李"。

（2）组词：哈罗（谐音"哈喽"）、李白、奥李（转化"奥利奥"）、罗李（谐音"萝莉"）。

（3）联想：注意要与要记忆的主题"悲剧"进行联系，这样才更有助于整体的记忆和回忆。这

里，可以想象"对李白说'哈罗'，不理我，很悲伤"，或者"萝莉累得白天打哈欠，真悲惨"，或者"哈哈哈，你居然被贬到这里卖奥利奥，太可悲啦"。

（4）还原：思考刚刚在脑海中联想的画面，检查是否可以正确地复原。

2."中国三大国粹"：京剧、中医、中国画

（1）抽字：京 / 剧、医、画。

（2）组词：医剧画（谐音"一句话"）、医京画（谐音"一警花"）。

（3）联想：可以想象"用一句话来形容中国国粹"或者"一个警花在介绍中国国粹"。

3."五音"：宫、商、角（jué）、徵（zhǐ）、羽

分析：这个内容不需要进行抽字了，重点是对于字的转化，特别是疑难字。

（1）转化：角可以使用它另外的音谐音为"脚"，徵可以对应"趾"。

（2）组词：宫商（谐音"工伤"），角徵（谐音"脚趾"），羽（谐音"淤"）。

（3）联想：与"五音"结合，可以想象"受到工伤，五个脚趾淤青，痛得叫出了声音"。

4."中国八大菜系"：鲁、川、粤、苏、闽、徽、湘、浙

分析：记忆这个知识的要点在于"组词"。

（1）组词：川粤（谐音"穿越"），徽湘浙（谐音"回想着"）。

（2）联想：想象"鲁迅穿越回书里，抿着嘴回想着八大菜系的味道"。

5."中国四大名园"：北京颐和园、苏州留园、苏州拙政园、河北承德避暑山庄

（1）抽字：抽取"颐""留""拙""暑"。

（2）组词：颐留（谐音"移牛"）、拙暑（谐音"捉鼠"）。

（3）联想：想象"在园子旁边移开牛捉老鼠"。

再思考一下，怎么知道名园所在的位置呢？我们也可以采用"合并串联法"：

（1）抽字：抽取"北""苏""苏""河北"。

（2）组词：苏苏（谐音"叔叔"）。

（3）联想：我们与上面的"移牛捉鼠"一起联想，想象"背着叔叔到了河北面的园子，移开牛去捉老鼠"。

6. "我国著名的四大古都"：西安、南京、北京、洛阳

分析：如果我们抽取前三个古都的第一个字，发现都是方位词，洛阳的"阳"如果转化为"太阳"，会想到"东升西落"，也是方位词，因此，这个知识点我们的串联技巧就可以更加灵活。

（1）抽字：抽取"东南西北"。

（2）联想：想象"四大古都位于东南西北，太阳从东边升起，照耀每一座古都"。

7. "五谷丰登中的五谷"：粟、豆、麻、麦、稻

（1）组词：粟豆（谐音"数豆"）、麻粟（谐音"麻薯"）、麦稻（谐音"卖到"）/稻麦（谐音"倒卖"）。

（2）联想：可以联想为"数豆子，卖到手都麻了"或者"卖稻子，都换成麻薯"或者"倒卖文物的人都属马"。

8. "四大民间传说"：《梁山伯与祝英台》《白蛇传》《牛郎与织女》《孟姜女》

分析：这个知识点的抽字可以有很多的方式，但一定要抽取能让自己回忆起传说名字的字词。

（1）抽字：梁/祝、白蛇、牛/织、孟。

（2）组词：梁织（谐音"两只"）、祝孟（谐音"筑梦"）。

（3）联想：可以想象"传说有人梦见两只小动物，是白蛇"或者"传说白蛇留下来是为了筑梦"。

9. "中国四大名镇"：景德镇、佛山镇、汉口镇、朱仙镇

（1）抽字：景/德、佛/山、汉/口、朱。

（2）组词：景口（谐音"井口"或者增减字"景点门口"）、佛朱（谐音"佛珠"）/

朱德（著名将军）、山口。

（3）联想：可以想象"名镇的井口有一串佛珠"或者"名镇旁的山口竖有朱德的雕像"。

10. "四大佛教名山"：峨眉山、九华山、五台山、普陀山

（1）抽字：峨/眉、九/华、五/台、普/陀。

（2）组词：九五（增减字"九五至尊"）、眉华（谐音"梅花"）、华陀（谐音"华佗"）。

（3）联想：可以想象"佛像上有五垛梅花"或者"有五条眉毛的华佗在拜佛"。

11. "中国的四大石窟"：云冈石窟、龙门石窟、麦积山石窟、莫高窟

（1）抽字：云、龙、麦、莫。

（2）组词：云龙（想到"李云龙"）、麦莫（谐音"卖馍"）。

（3）联想：想象"李云龙在石窟前卖馍"。

12. "东盟十国"：老挝、马来西亚、新加坡、菲律宾、越南、泰国、柬埔寨、印度尼西亚、文莱、缅甸

分析：并列的知识点很多，原则上每个国家抽取第一个字，如果有必要再多抽取字来做处理。

（1）抽字：老、马、新、菲、越、泰、柬、印尼、文、缅/甸，此处抽取"印尼"，是防止对于地理不熟悉时，"印"会回忆成"印度"。

（2）组词：老马、菲越（谐音"飞跃"）、泰柬（谐音"太监"）、文甸（增减字"文具店"）、印尼（谐音"印泥"）。

（3）联想：想象"老马带着太监飞跃到文具店买新印泥"。

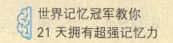

二、动作、逻辑串联法记忆举例

1."四大喜剧"：《威尼斯商人》《第十二夜》《皆大欢喜》《仲夏夜之梦》

分析：四个喜剧的名称中包含了"人物""时间""事件""结果"，非常适合用"故事串联法"来记忆。

联想：想象"威尼斯商人在第十二夜做了仲夏夜之梦，梦到生意兴隆，皆大欢喜"。

2."中国古代四大发明"：造纸术、印刷术、指南针、火药

分析：造纸和印刷有内在的逻辑关系（印刷需要先造纸），指南针是用来指示方位的，我们可以想象印刷的事物需要指南针才能起作用，这样就也建立了逻辑关系。火药通常是用来爆破的，如果加入指南针指示了前进的方位，到达后遇到障碍，需要用火药，那么指南针和火药之间也容易建立联系。我们可以将故事主线逻辑定义为"寻宝"。

联想：学会了造纸后，用纸张印刷了藏宝图，带着指南针一路前行，用火药炸开了藏宝的山洞。

3. "危害世界的四大自然灾害"：水灾、地震、旋风、火山爆发

分析：这四种灾害本身都有破坏力，可以采用直接动作法来进行串联。

联想：旋风卷起大量的水，形成水灾，水灾冲垮了大地的支撑，形成地震，地震破坏了板块，引发了火山爆发。

4. "老舍的代表作"：《骆驼祥子》《四世同堂》《龙须沟》《茶馆》

分析：对于熟悉的书名可以利用"合并串联法"来记忆，这里采用"动作串联法"来记忆，重点是两两之间的衔接，同时要注意加上主题"老舍"，因为没有顺序要求，因此我们可以选择性地进行串联。

联想：

老舍《骆驼祥子》：老舍骑骆驼，动作"骑"。

《骆驼祥子》《茶馆》：骆驼走到茶馆，动作"走"。

《茶馆》《龙须沟》：在茶馆水沟旁吃龙须面，动作"吃"。

《龙须沟》《四世同堂》：龙须沟住着四世同堂，动作"住"。

5. "丹麦作家安徒生的代表作品"：《海的女儿》《卖火柴的小女孩》《丑小鸭》《皇帝的新装》

《海的女儿》

《皇帝的新装》

《卖火柴的小女孩》

《丑小鸭》

分析：安徒生的作品大多是童话，很适合使用"故事串联法"记忆。

联想：想象"卖火柴的小女孩是海的女儿，她给丑小鸭穿上了皇帝的新装"或者"海的女儿在寻找皇帝的新装的途中遇到了卖火柴的小女孩，她带着一只丑小鸭"。

6. "莫泊桑的作品"：《我的叔叔于勒》《一生》《漂亮的朋友》《菲菲小姐》《项链》《羊脂球》

分析：作品名称中有人物，有物品，适合"故事串联法"。

联想：我的叔叔于勒有一个漂亮的朋友叫"菲菲小姐"，她一生都戴着项链，上面挂着羊脂球。

7. 鲁迅《呐喊》中的作品

《明天》《端午节》　　《阿Q正传》《一件小事》《风波》

《药》　《头发的故事》《白光》　　《孔乙己》　《兔和猫》

《故乡》《社戏》　　　《鸭的喜剧》　《狂人日记》

分析：作品的名称中包含有"时间""地点""人物""事件"，因此可以自创逻辑来记忆，参考如下：

明天是端午节，阿Q因为一件小事引起的风波吃错了药，使得头发发白光，还给孔乙己买了兔和猫。作为回报，孔乙己请他回故乡看社戏——鸭的喜剧，使他大声呐喊，写了篇狂人日记。

三、综合记忆训练

1. "北宋文坛四大家"：王安石、欧阳修、苏轼、黄庭坚

分析：如果采用抽字串联法，可以抽取"王、欧、苏、黄"，可以联想为"王叔去北边给文人送黄鸥"；我们也可以抽取"石、修、轼、黄"，联想为"向北方送工具去修饰黄色的石头"来记忆。

如果采用故事串联法，我们需要对人物名称进行一定的转化，比如欧阳修——在太阳下修东西，王安石——写着王的石头，苏轼——东坡肉，黄庭坚——黄色的庭子有尖尖的角，文坛——酒坛子，北宋——北边松树，可以想象成"在一个有着尖角的黄色亭子里有东坡肉和酒坛，北面有一棵松树，前面有一个人顶着太阳在修饰写着'王'的石头"。

2.曹操的身份和代表作

> 曹操：字孟德
>
> 身份：政治家、军事家、诗人
>
> 代表作：《短歌行》《观沧海》《龟虽寿》

分析：这类知识在学习中更常见，虽然并列但不规则，我们依然可以采用上述的串联方法来记忆。

如果使用合并串联法，可以抽取"孟""政""军""诗""短""观""龟"，联想为"曹操梦见军师正在观察一只短尾龟"。

如果使用故事串联法，我们可以先将每部分转化，"孟德—梦见得到""政治家—正方形的官帽""军事家—宝剑""诗人—诗集""《龟虽寿》—乌龟""《观沧海》—沧海""《短歌行》—边走边歌唱"，可以以"曹操观察诗集"作为逻辑主线，想象"曹操正在观看诗集，诗集上画着乌龟畅游在沧海中，入迷的他梦见自己得到正方形的官帽，手持宝剑,边走边高兴地歌唱"。

3.游戏对于儿童发展的作用

（1）游戏扩展会加深儿童对周围事物的认识，增长儿童的知识；

（2）游戏促进儿童语言的发展；

（3）游戏促进儿童想象力的发展；

（4）游戏促进儿童思维能力的发展；

（5）游戏提供了儿童智力活动的轻松愉快的心理氛围。

分析：这类型知识点在工作中非常常见，突出的特点是有编号、并列并且知识点内容较长，在学完本书后，你会有多种记忆方法可以记忆这种知识，这里我们依然选用串联法来记忆，推荐的思路是先选出关键词，然后构建与主题相关的场景逻辑来记忆。

抽取每句的关键词"事物认知、知识、语言、想象力、思维、智力、心理"。

构建主逻辑线"儿童在玩游戏"，想象"老师用游戏的方式教儿童事物的认知，让孩子们想象生活中有哪些圆形事物并用语言表达出来，孩子们心里默默想着各种图形，开动思维，踊跃发言，这堂课既学习到了知识，又提升了智力"。

第9天
如何成为诗词达人

　　从小学到高中，诗词都是语文学习中重要的部分，随着中国传统文化知识在语文学习中的比重越来越高，如何高效、长久地记住古诗词成为很多同学的一个难题。

　　传统的记忆方式大多数是通过多次重复、反复朗读来实现的，这是一种"音记"的方式，这种方式有着明显的缺点，比如记忆效率低（需要重复很多次）、记忆牢固度不够（很容易突然间想不起来，必须提醒才能回忆）、记忆没有整体性（对于理解古诗词帮助性不大）、只能按照顺序来回忆（如果从中摘选一句，思考前一句非常困难）。

　　是否可以采用记忆方法来快速记忆古诗词呢？通过前面的学习，我们知道记忆法的核心是"图像记忆"，而大部分古诗词都是"借景抒情""借物抒情""借事抒情"，浓缩了作者的所见、所闻、所感，本身也很有图像感，这种共同点让用记忆法记忆古诗词成为一种可能。如果我们再对古诗词进行拆解，它是由一句一句组成的，再从每一句中抽取关键部分，那么记忆古诗词就转化为记忆一系列的"并列知识点"，可以利用我们学习到的串联记忆法来记忆。

一、学习古诗词的意义

　　很多人觉得学习古诗词难是因为仅仅把古诗词当作学习上规定的任务，内心是排斥的，是"不得不"的状态，在这种状态下不会产生强烈的学习欲望，自然效果就不好，从而导致觉得古诗词难。

　　事实上，学习古诗词对于我们在青少年时期提升自己的语言能力、拓宽知识面、了解历史文化、培养价值观等都有很重要的作用。有教育学家总结了学习古诗词的好处：

　　1. 感受中华文化的精髓。了解中国文化的发展历程，以及中华民族的思想、情感和价值观念等。

2.提高自身语言表达能力。古诗词是经过历代文人鉴定、精挑细选的语言艺术品，它们的语言简练、表达丝丝入扣且颇具美感、修饰手法多样且极具技巧，这些都很值得我们模仿、学习，从而提升自己的语言能力。

3.增长人文素养。通过学习古诗词，可以了解历史文化背景，学习思想、道德、伦理等方面的智慧，提升人的思想品质。

4.培养审美情操。古诗词在语言、形式、意境、构思上都有非常独特的美感，通过欣赏古诗文，感受其中的情感和意境，可以培养自身在生活中的审美能力。

总之，古诗词是中国传统文化的重要组成部分，是中华民族优秀的文化瑰宝。学习古诗词对于我们的心灵成长和社会精神文明建设具有重要意义。

二、古诗词记忆方法分析

传统的古诗词记忆方法包括："理解记忆""形象背诵""专注背诵""限时背诵""字头背诵""关键词背诵""分段背诵""抄写背诵"等，这些方法是前人总结的利于背诵的一些手段或技巧，大体上是从"增加古诗词记忆维度""激活记忆时的潜力""增多回忆时的线索"这几个方面来助力的。

我们来分析一下古诗词，它主要由工整的句子构成，句子中大多数有适合出图的关键词，因此可以采用"串联记忆法"来记忆，在前面我们已经做了部分展示。然而古诗词记忆重点还在于要尽量符合原意，这对于我们串联的要求就会有一定的限制。

换个思路，我们知道记忆法的核心要求是"图形记忆"，在尽量符合原意的基础上通过还原场景图形的方式来辅助记忆，场景中的物象是由每一句的关键词组成，这样看起来是一种更适合记忆的方式。

三、理解是记忆的前提

通过很多优秀学习者的经验来看，要学好一门知识，理解是其中非常关键的一环。同理，要记住一首古诗词，需要对古诗文有充分了解，理解古诗文的含义和要表达的思想，知道关键字词、生僻字词的读音和意义，在脑海中对古诗文形成大致的感受和印象。在了解全诗大意的基础上，反复地读几遍，印象就加深了。这种理解在开始可能是比较"表象"的，随着不断地学习感悟，这种理解会动态地变化并增强。

如果对古诗词的含义一知半解或层次不清，记忆一般情况下会变慢，即使暂时记住了，也会很快又忘掉。

虽然我们有各种各样的记忆方法，有的甚至不需要理解原文的意思，但是从学习古诗词的目的出发，理解始终是第一步。

四、串联记忆法记忆古诗词

串联法记忆古诗词的要点是提取古诗词中可以用来表征句意或者提醒句子的词语，再串联起来。

1. 以北宋秦观的《鹊桥仙》为例

鹊桥仙

［北宋］秦观

纤云弄巧，飞星传恨，银汉迢迢暗度。
金风玉露一相逢，便胜却人间无数。
柔情似水，佳期如梦，忍顾鹊桥归路。
两情若是久长时，又岂在朝朝暮暮？

【注释】

纤云：轻盈的云彩。
弄巧：指云彩在空中幻化成各种巧妙的花样。
飞星：流星。一说指牵牛、织女二星。
银汉：银河。
迢迢：遥远的样子。
暗度：悄悄渡过。
金风玉露：秋风白露。
忍顾：怎忍回视。
朝朝暮暮：指朝夕相聚。语出宋玉的《高唐赋》。

【译文】

　　轻盈的彩云在天空中幻化成各种巧妙的花样，天上的流星传递着相思的愁怨，遥远无垠的银河今夜我悄悄渡过。在秋风白露的七夕相会，就胜过尘世间那些长相厮守却貌合神离的夫妻。缠绵的柔情像流水般绵绵不断，重逢的约会如梦影般缥缈虚幻，分别之时怎忍回视那鹊桥路。若是两情相悦，至死不渝，又何必贪求卿卿我我的朝夕相聚呢？

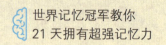
（1）提取关键词

云　星　银汉　金风　人间

水　梦　鹊桥　两情　朝朝暮暮

（2）联想

结合译文，可以想象这样的画面——云里藏着星星，星星组成了银河，银河吹出金色的风，风吹到了人间，人躺在小舟上，在温柔的水波上做梦，梦见鹊桥，桥上有情人相见，倾诉每一个朝朝暮暮的思念。

试一下，你记住了吗？

2. 以《关雎》为例

关 雎

关关雎鸠，在河之洲。窈窕淑女，君子好逑。

参差荇菜，左右流之。窈窕淑女，寤寐求之。

求之不得，寤寐思服。悠哉悠哉，辗转反侧。

参差荇菜，左右采之。窈窕淑女，琴瑟友之。

参差荇菜，左右芼之。窈窕淑女，钟鼓乐之。

【注释】

雎（jū）鸠（jiū）：一种水鸟。

参（cēn）差（cī）：长短不齐的样子。

荇（xìng）菜：一种水草，叶子可以食用。

流：用作"求"，这里指摘取。

寤（wù）寐（mèi）：醒和睡，指日夜。

思服：思，语气助词，没有实义。服，
　　　思念。

悠：忧思的样子。

芼（mào）：择取，挑选。

【译文】

　　关关和鸣的雎鸠，相伴在河中的小洲。那美丽贤淑的女子，是君子的好配偶。参差不齐的荇菜，从左到右去捞它。那美丽贤淑的女子，君子醒来睡去都想追求她。追求却没法得到，白天黑夜便总思念她。长长的思念哟，叫人翻来覆去难睡下。参差不齐的荇菜，从左到右去采它。那美丽贤淑的女子，君子奏起琴瑟来亲近她。参差不齐的荇菜，从左到右去拔它。那美丽贤淑的女子，君子敲起钟鼓来取悦她。

（1）提取关键词

第一句：雎鸠、洲

重复句式：君子、寤寐、琴瑟、钟鼓

重复句式：流、采、芼

单独处理：思服、辗转

（2）联想

雎鸠在沙洲上，君子在岸边看着淑女戴着六彩帽（"流采芼"的谐音）妩媚（"寤寐"的谐音）的身影，还有琴瑟声和钟鼓声相伴，君子思念良久，辗转睡不着。

五、配图记忆法记忆古诗词

配图记忆法记忆古诗词，即通过对古诗词进行配图来记忆的一种方式。这些图形可能来自网络、书本或者现实，这种方式能很好地展示古诗的图画意境，也具有较好的提示作用。

以王安石的《书湖阴先生壁》为例

书湖阴先生壁

[宋] 王安石

茅檐长扫净无苔，花木成畦手自栽。

一水护田将绿绕，两山排闼送青来。

【译文】

茅草房的庭院因经常打扫，所以洁净得没有一丝青苔。花草树木成行满畦，都是主人亲手栽种。庭院外一条小河保护着农田，把绿色的田地环绕。推开门，两座青山送来青翠的山色。

我们选择下面的配图：

可以看到：图画复现了王安石描述的生活环境，有房屋、花木、小河、青山，而且布局合理，结构紧凑，整体画面颜色搭配也很适合，给人恬静舒适的感觉。

这种图形就会给我们的记忆提供助力，是辅助记忆古诗词的好方式。当然，这个方法也有明显的缺点：

（1）配图很难寻找，即使借助网络或者书籍等。

（2）配图的大部分可能都很符合，但是少部分不符合，无法更改，因此不能很好地使用。

六、简笔画法记忆古诗词

我们接受信息主要来自视觉。把古诗词中典型的、具有画面感的物体，通过一定的顺序绘制成记忆图，这些图像对于记忆有非常大的提示作用，这就是简笔画法记忆古诗词。这种方法将古诗词通过多维联想的方式绘制成有趣的图像，调动大脑联想和情绪感知等功能，从而达到高效记忆的效果，同时解决了"配图记忆法"难以寻找到合适配图的问题。

下面将为同学们重点讲解用绘图法记忆古诗词的详细步骤。

（一）通读理解

无论运用哪种方法记忆古诗词，都需要对古诗词有充分的了解，理解古诗词的含义和表达的思想，了解关键字词、生僻字词的读音和意义，在脑海中对古诗词形成大致的感受和印象。

（二）合理分段

有的古诗词较短，但是随着年级的提升，会出现很多长古诗。"太长了"成为很多同学心里的一道坎，看到长篇古诗词就容易产生心理压力，从而抗拒背诵。因此要学会将任务分解，把长篇的古诗词分解成很多小段落，逐段记忆，每部分的难度自然就降低了。

分段也要讲求合理，一般有两种分段方式：一是根据课文原本的自然段进行划分，二是根据事物发展的阶段进行划分。

（三）绘图记忆

在使用绘图记忆方法时，遵从四项基本原则"词、简、景、顺"，可以使记忆图效果更好，大幅提高记忆效率。下面具体介绍这四个步骤。

1. 词

"词"指关键词。通过注释和译文理解古诗词内容后，尽量尝试提炼每句的关键词。在绘制古诗词记忆图时，优先将句子中重要的词语转换为图像，对记忆起"以点带面"的作用。

上图为唐代许浑的诗篇《咸阳城东楼》提取关键词之后形成的场景图，我们可以在图上找到每一句的关键词和对应的物象。①一上高城万里愁：高城、愁，②蒹葭杨柳似汀州：蒹葭、杨柳、汀州，③溪云初起日沉阁：溪云、日、阁，④山雨欲来风满楼：山、雨、风、楼，⑤鸟下绿芜秦苑夕：鸟、绿芜、秦苑，⑥蝉鸣黄叶汉宫秋：蝉、黄叶、汉宫，⑦行人莫问当年事：行人、莫问，⑧故国东来渭水流：故国、水流。通过场景图中的关键词，就会很容易回想起对应的诗句。

诗词中较抽象的词语，有时会造成记忆障碍，可以运用记忆法中的编码思维，将抽象词语转换为具体的图像。通常采用的方式有三种：指代、望文生义、谐音。"指代"是通过词语本身的意思进行联想，例如"故国东来渭水流"，用"旗帜"的图像来指代"故国"进行提示。"望文生义"则是通过词语字面上的意思来进行联想，例如"溪云初起日沉阁"，"溪云初起"转化为"溪上的云朵刚刚起床"的图像来提示。"谐音"则比较好理解，比如诗人名字"许浑"，"浑"转化为"魂（魂魄）"来提示。需要注意的是，使用谐音记忆时容易曲解意思，造成错别字，因此在开始记忆前，务必通读并理解古诗词。

2. 简

"简"要求在绘制场景图时尽量做到简明清晰，不出现与诗句无关的信息，简单有趣的画面会极大地降低记忆的难度。

3. 景

"景"是指在绘制场景图时，尽量让最终的画面是完整的景象，而不是图像的拼凑。这是绘制时最难的也是最有意义的一步。一是尽可能还原文中的意象，感受古诗词蕴含的情感力量可以加强印象；二是因为完整连贯的图像可以帮助同学们建立紧密的思维线索，图像之间有关联，回忆也会更加清晰。

上面两张图是《鹊桥仙·纤云弄巧》的记忆场景图。左图虽然对诗句内容进行了

图像化，但整体是零碎的图像，只有元素的堆砌，图像之间无关联，并不利于记忆。而右图在绘制时，将图像放置在古诗的整体意境之中，形成了一幅完整的画面场景，在回忆时可以通过图像之间的关联轻松回忆出整首古诗。

4. 顺

"顺"指的是顺序，这是绘制场景图最重要的一步。古诗词场景图需要有明确的顺序，从左到右、从右往左、顺时针或者逆时针，因为我们的大脑更擅长按顺序进行回忆。同学们在绘制场景图时，要理清各个事物的出现顺序，这样才能在回忆时按照正确的顺序复原古诗词内容。

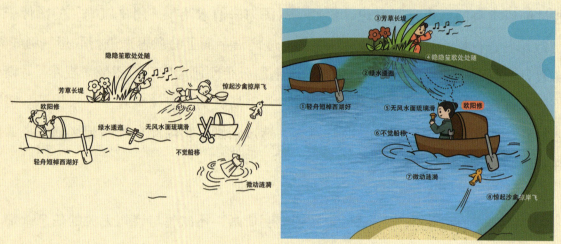

上面两张图是《采桑子·轻舟短棹西湖好》的记忆场景图。左图将关键词和场景还原了出来，但是没有严格按照古诗的顺序，不利于记忆。而右图在还原故事场景的同时，根据诗句的顺序按照顺时针方向进行绘制，我们看着图就可以轻松回忆古诗内容，不看图也可以轻松回忆图像，并通过图像背诵出古诗。

这四点是绘制场景图的四大原则，大家理解之后也能更好地使用场景图进行记忆。并且为了更好地记忆作者，还可以将作者名字通过编码的方式转换为具体的形象，在不破坏古诗词意象的前提下绘制在场景中。

（四）复原检查

在记忆完成后，需要通过背诵检验记忆效果。刚开始可以看着场景图尝试复原，发现自己记忆中的问题，强化记忆遗漏或者错误的地方；熟练后就可以不看图来复原，让场景图印刻在自己的脑海中，经久不忘。

第10天
文章的记忆技巧

一、文章记忆的方式方法分析

对于文章的记忆，我们可以类比前面古诗词的记忆方法，采用类似的方法处理。不过鉴于文章一般比较长，所以在实际的记忆过程中也需要做一些准备。对于特别长的文章，在理解时也可以采用一些辅助方式让记忆更顺畅。

常见的文章记忆步骤为：

（1）通读理解。理解在绝大多数情况下都是记忆的前提，特别是对于文章而言，理清文章书写的脉络，会在脑海中形成天然的印象，在记忆时能够增加条理性。

（2）分段。通常来说，文章都需要分段，一般我们根据自然段来分段；如果这种方式不适合（比如多个自然段文字都很少或者自然段只是起起承转合的作用），那么可以根据文章内容发展的环节来分段。

（3）找关键词，转图像。提取每个段落中的关键词，关键词要能体现整句或者整段的重点意思，一般选用名词，因为这样容易转换成具体图像。如果提取的关键词是抽象词，可以用"观望鞋子"的方式来进行转化。

（4）想象和画图。构建尽量符合原文的场景，然后将具体的图像联系在场景中，联系的方式可以采用"逻辑、动作或者合并"。在条件允许的情况下建议用简笔画的方式来对场景进行绘图，因为绘图本身就是记忆的过程，而且是多维度的，可以大大加深记忆的印象。

（5）还原、巩固。尝试根据简笔画或者脑海中的图进行还原，找到其中记忆不熟练或者没有记住的地方进行巩固，采用合理的复习策略进行科学复习。

（6）科学复习。根据艾宾浩斯遗忘曲线的规律，结合自身的情况，进行合理复习，达到事半功倍的效果。

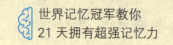
二、短篇文章记忆举例

以节选的《中国少年说》为例：

【原文】

　　故今日之责任，不在他人，而全在我少年。少年智则国智，少年富则国富，少年强则国强，少年独立则国独立，少年自由则国自由，少年进步则国进步，少年胜于欧洲则国胜于欧洲，少年雄于地球则国雄于地球。

　　红日初升，其道大光。河出伏流，一泻汪洋。潜龙腾渊，鳞爪（zhǎo）飞扬。乳虎啸谷，百兽震惶。鹰隼（sǔn）试翼，风尘吸张。奇花初胎，矞矞（yù）皇皇。干将发硎（xíng），有作其芒。天戴其苍，地履（lǚ）其黄。纵有千古，横有八荒。前途似海，来日方长。

　　美哉，我少年中国，与天不老！壮哉，我中国少年，与国无疆！

【译文】

　　所以今天的责任，不在于他人，全在我们年轻人的肩上。年轻人聪明智慧，国家就聪明智慧；年轻人富有，国家就富有；年轻人强盛，国家就强盛；年轻人独立，国家就独立；年轻人自由，国家就自由；年轻人进步，国家就进步；年轻人胜过欧洲人，国家就胜过欧洲；年轻人在世界上称雄，国家就在世界上称雄。

　　旭日东升，前程光明；黄河从地下流出，一泻千里，势不可挡。潜龙从深渊中腾跃而起，鳞爪舞动飞扬。小老虎在山谷吼叫，所有的野兽都害怕惊慌。雄鹰隼鸟振翅欲飞，风和尘土高卷飞扬。珍奇的鲜花含苞待放，灿烂茂盛。干将剑新磨出，发出耀眼的光芒。头顶着苍天，脚踏着黄土大地。从纵的时间上看有着千年万载的历史，从横的空间看可通达四面八方。前途就像大海一样宽广，未来的日子无限远长。

　　美好啊我年轻的中国，将与天地共存不老！雄壮啊我的中国少年，将与祖国万寿无疆！

第一步：通读理解并分段

本文类似于白话文，因此理解起来比较容易，而且，可以按照自然段落分段的方式将本文分成三部分。

第二步：提取关键词

　　故今日之责任，不在他人，而全在我少年。少年智则国智，少年富则国富，少年强则国强，少年独立则国独立，少年自由则国自由，少年进步则国进步，少年胜于欧洲则国胜于欧洲，少年雄于地球则国雄于地球。

第三步：绘制图形或在脑海中出图

下面我们展示了用于出版的图形，同学们在实操过程中只需要绘制符合场景的简笔画图即可。在绘图时要提前构建好场景，从而让关键词的物象可以按照良好的顺序和合理性在场景中出现。

第一段中关键词"智、富、强、独立、自由、进步"容易记混，将这些词分别转化为"博士帽""金项链""肌肉""单脚独立的动作""自由前进""阶梯"的具体形象，想象"一个少年头上戴着博士帽，脖子上戴着金项链，双臂展示强劲的肌肉，正做单脚独立的动作站在滑板上自由滑行，冲向阶梯"，按照顺序从上到下就可以将关键词回忆出来。

红日初升，其道大光。河出伏流，一泻汪洋。潜龙腾渊，鳞爪（zhǎo）飞扬。乳虎啸谷，百兽震惶。鹰隼（sǔn）试翼，风尘吸张。

奇花初胎，奲（yù）奲皇皇。干将发硎（xíng），有作其芒。天戴其苍，地履其黄。纵有千古，横有八荒。前途似海，来日方长。

美哉，我少年中国，与天不老！壮哉，我中国少年，与国无疆！

"纵有千古，横有八荒"这两句较抽象难记，"千古""八荒"分别转化为古代的卷轴和八块荒田进行提示。

第四步：还原、巩固。

在开始时，可以通过无"关键词提示"的图像对照还原，基本能够还原之后就可以不看图还原，几次之后就能够牢固记忆了。

第五步：科学复习。

我们建议采用"五个一"的复习原则，即在"一小时、一天、一周、一个月、一个季度"这些时间点进行复习，效果更好。

三、长篇文章记忆举例

在记忆长篇文章时，通读理解这个过程会更重要，我们推荐使用"思维导图"的形式将整篇文章进行梳理，然后再运用记忆方法来记忆。

思维导图，英文为"The Mind Map"，又被称为"心智导图"，是表达发散性思维的有效图形思维工具，它简单同时又很高效，是一种实用性的思维工具，由东尼·博赞（Tony Buzan）创造而生。

思维导图通过图文并重的方式，把文章各级主题的关系用相互隶属与相关的层级表现出来，充分运用左右脑的机能，可以将复杂的内容精简化、清晰化，是非常好的整理思维和行文框架的工具。

用思维导图结合记忆法，可以实现记忆长难文章（不论现代文还是古诗文）、长篇演讲甚至整本书籍。

以《出师表》为例：

《出师表》是诸葛亮出师伐魏临行前写给后主刘禅的奏章。文中以恳切的言辞，劝说后主要继承先帝遗志，广开言路，严明赏罚，亲贤臣，远小人，完成兴复汉室的大业；也表达了诸葛亮报答先帝的知遇之恩的真挚感情和北定中原的决心。

全文共8段，我们可以根据内容的架构将本文分成六个部分，具体内容整理成如下的思维导图：

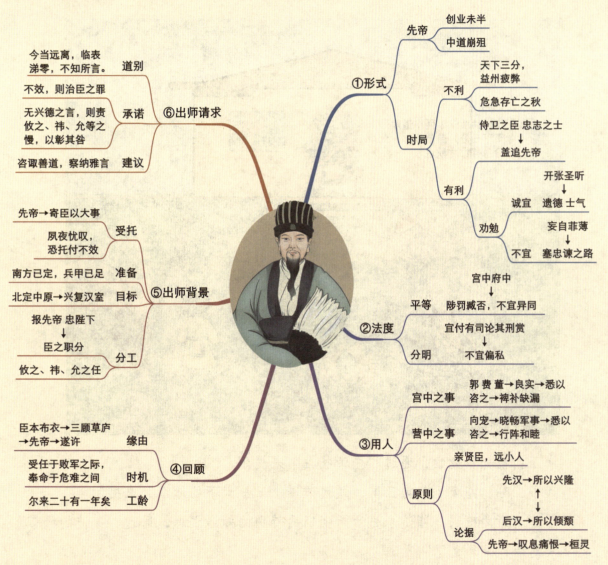

第一部分（第1段）：分析当前形势，提出广开言路的建议。

先帝创业未半而中道崩殂，今天下三分，益州疲弊，此诚危急存亡之秋也。然侍卫之臣不懈于内，忠志之士忘身于外者，盖追先帝之殊遇，欲报之于陛下也。诚宜开张圣听，以光先帝遗德，恢弘志士之气，不宜妄自菲薄，引喻失义，以塞忠谏之路也。

【译文】

先帝开创的大业未完成一半却中途去世了。现在天下分为三国，蜀汉国力薄弱，处境艰难，这确实是国家危急存亡的时期啊。不过宫廷里侍从护卫的官员不懈怠，战场上忠诚有志的将士们奋不顾身，大概是他们追念先帝对他们特别的知遇之恩，想要报答在陛下您身上。（陛下）您实在应该扩大圣明的听闻，来发扬光大先帝遗留下来的美德，振奋有远大志向的人的志气，不应当随便看轻自己，说不恰当的话，以至于堵塞人们忠心地进行规劝的言路。

🦋 崩殂：指先帝死亡，通过"先帝吐血"来提示。

🦋 天下三分：指天下分为三国，通过"墙上三分天下的地图"来提示。

🦋 盖追先帝之殊遇：指追念先帝对他们的特别的知遇之恩，通过"身披的绶带"来提示"知遇之恩"。

🦋 恢弘志士之气：指振奋有远大志向的人的志气，通过"一群人受到鼓舞，士气振奋"来提示。

🦋 不宜妄自菲薄：指不应当随便看轻自己，通过"人物的背影和代表失落的线条"来提示。

🦋 以塞忠谏之路：指堵塞人们忠心地进行规劝的言路，通过"栅栏挡住路"来提示。

注意：这就是完整的构建文章绘图的方式，先构建一个场景，然后将关键词进行转化，最后合理地串联在场景中。

第二部分（第2段）：确立法度，提出严明赏罚的建议。

宫中府中，俱为一体，陟（zhì）罚臧否（pǐ），不宜异同。若有作奸犯科及为忠善者，宜付有司论其刑赏，以昭陛下平明之理，不宜偏私，使内外异法也。

【译文】

皇宫中和朝廷里的大臣，本都是一个整体，奖惩功过，不应有所不同。如有作恶违法的人，或行为忠善的人，都应该交给主管官吏评定对他们的惩奖，以显示陛下处理国事的公正严明，而不应当有偏袒和私心，使宫内和朝廷奖罚方法不同。

🔥 陟罚臧否：指晋升、处罚、赞扬、批评，"罚"可以谐音为"执法"，"否"可以谐音为"劈"，想象"执法者用武器劈"来提示。

🔥 作奸犯科及为忠善者：指作恶违法的人，或行为忠善的人，通过"一个违法的坏人和一个外表和善的人"来提示。

🔥 内外异法：指宫内和朝廷奖罚方法不同，通过"一张左右写着'内法'和'外法'的纸张"来提示。

第三部分（第3—5段）：用人建议，推荐文臣、武将中的贤良，提出亲贤臣，远小人。

侍中、侍郎郭攸之、费祎、董允等，此皆良实，志虑忠纯，是以先帝简拔以遗（wèi）陛下。愚以为宫中之事，事无大小，悉以咨之，然后施行，必能裨补阙漏，有所广益。

【译文】

侍中、侍郎郭攸之、费祎、董允等人，都是善良诚实、心志忠贞纯洁的人，他们的志向和心思忠诚无二，因此先帝选拔他们留给陛下。我认为宫中之事，无论事情大小，都拿来跟他们商讨，这样以后再去实施，一定能够弥补缺点和疏漏之处，得到更多的好处。

裨补阙漏：指弥补缺失疏漏之处，"阙"可以谐音为"缺（缺口）"，通过"大臣指出纸上缺口"来提示。

将军向宠，性行淑均，晓畅军事，试用于昔日，先帝称之曰能，是以众议举宠为督。愚以为营中之事，悉以咨之，必能使行阵和睦，优劣得所。

【译文】

将军向宠，性格和品行善良公正，精通军事，从前任用时，先帝称赞他很有才能，因此众人商议推举他做中部督。我认为禁军营中的事，都拿来跟他商讨，就一定能使军队团结一心，不同才能的人各得其所。

性行淑均：指性情品德善良公正，"性行"可以谐音为"星星"，通过"将军铠甲上的星星"来提示。

晓畅军事：指精通军事，通过"墙上的军事布阵图"来提示。

先帝称之曰能：指先帝称赞他很有才能，通过"先帝对其点赞"来提示。

亲贤臣，远小人，此先汉所以兴隆也；亲小人，远贤臣，此后汉所以倾颓也。先帝在时，每与臣论此事，未尝不叹息痛恨于桓、灵也。侍中、尚书、长史、参军，此悉贞良死节之臣，愿陛下亲之信之，则汉室之隆，可计日而待也。

【译文】

亲近贤臣，疏远小人，这是前汉所以兴盛的原因；亲近小人，疏远贤臣，这是后汉之所以衰败的原因。先帝在世的时候，每逢跟我谈论这些事情，未尝不叹息而痛恨桓帝、灵帝时期的腐败。侍中、尚书、长史、参军，这些人都是忠贞善良、守节不移的大臣，望陛下亲近他们，信任他们，那么汉朝的复兴，就指日可待了。

- 亲贤臣，远小人，此先汉所以兴隆也：指亲近贤臣，疏远小人，这是前汉兴盛的原因，通过"贤臣脚下花草繁盛"来提示。

- 亲小人，远贤臣，此后汉所以倾颓也：指亲近小人，疏远贤臣，这是后汉衰败的原因，通过"表情奸诈的小人脚下花草枯萎"来提示。

- 侍中、尚书、长史、参军：官职名，较抽象，转化为"时尚长参"，通过"一根很时尚的长人参"来提示。

第四部分（第 6 段）：追叙往事，表达了"兴汉室"的决心。

臣本布衣，躬耕于南阳，苟全性命于乱世，不求闻达于诸侯。先帝不以臣卑鄙，猥自枉屈，三顾臣于草庐之中，咨臣以当世之事，由是感激，遂许先帝以驱驰。后值倾覆，受任于败军之际，奉命于危难之间，尔来二十有一年矣。

【译文】

我本来是平民，在南阳亲自耕田，在乱世中苟且保全性命，不奢求在诸侯之中出名。先帝不因为我身份卑微，屈尊下驾来看我，三次去我的茅庐拜访我，征询我对时局大事的意见，我因此十分感动，就答应为先帝奔走效劳。后来遇到兵败，在兵败的时候接受任务，形势危急之时奉命出使，从这以来二十一年了。

⑤臣本布衣，躬耕于南阳

⑥苟全性命于乱世，不求闻达于诸侯

⑨后值倾覆，受任于败军之际，奉命于危难之间，尔来二十有一年矣

⑦先帝不以臣卑鄙，猥自枉屈，三顾臣于草庐之中，咨臣以当世之事

⑧由是感激，遂许先帝以驱驰

🔶 苟全性命于乱世，不求闻达于诸侯：指在乱世中保全性命，不求在诸侯之中出名，通过"墓碑和散乱的武器"来提示"乱世"，通过"丢弃的官帽"来提示"诸侯"。

🔶 倾覆：指兵败，通过"折断倒下的旗帜"来提示。

第五部分（第7段）：描述出师的背景。

先帝知臣谨慎，故临崩寄臣以大事也。受命以来，夙夜忧叹，恐托付不效，以伤先帝之明，故五月渡泸，深入不毛。今南方已定，兵甲已足，当奖率三军，北定中原，庶竭驽钝，攘除奸凶，兴复汉室，还于旧都。此臣所以报先帝而忠陛下之职分也。至于斟酌损益，进尽忠言，则攸之、祎、允之任也。

【译文】

先帝知道我做事小心谨慎，所以临终时把国家大事托付给我。接受遗命以来，我日夜忧虑叹息，只怕先帝托付给我的大任不能实现，以致损伤先帝的知人之明，所以我五月渡过泸水，深入到人烟稀少的地方。现在南方已经平定，兵员装备已经充足，应当激励将领士兵，平定中原，希望用尽我平庸的才能，铲除奸邪凶恶的敌人，兴复汉室，返还旧日的国都。这是我用以报答先帝、尽忠陛下的职责。至于处理事务，斟酌情理，毫无保留地进献忠言，那是郭攸之、费祎、董允的责任。

> 奖率三军，北定中原：指激励将领士兵，平定中原，通过"三个士兵向北进攻"来提示。

> 庶竭驽钝，攘除奸凶：指希望用尽我平庸的才能，铲除奸邪凶恶的敌人，可以转化为"弩箭"，通过"弩箭射中奸邪的敌人"来提示。

第六部分（第8段）：提出出师请求并告别。

愿陛下托臣以讨贼兴复之效；不效，则治臣之罪，以告先帝之灵。若无兴德之言，则责攸之、祎、允等之慢，以彰其咎。陛下亦宜自谋，以咨诹善道，察纳雅言，深追先帝遗诏。臣不胜受恩感激。今当远离，临表涕零，不知所言。

【译文】

希望陛下能够把讨伐曹魏、兴复汉室的任务托付给我；若不能完成，就治我的罪，（从而）用来告慰先帝的在天之灵。如果没有振兴圣德的建议，那就责备郭攸之、费祎、董允等人的怠慢，来揭示他们的过失。陛下也应自行谋划，毫无保留地询问治国的好方法，采纳正确的言论，深切追念先帝临终留下的教诲。我感激不尽。今天（我）将要告别陛下远行了，面对这份奏表禁不住热泪纵横，也不知说了些什么。

- 咨诹善道：指询问治国的好方法，"道"可以转化为"道路"，整体可以谐音为"直走山道"，通过"一条通往先帝坟墓的笔直的道路"来提示。
- 深追先帝遗诏：指深切追念先帝临终留下的教诲，通过"先帝坟墓旁的一卷遗诏"来提示。

第11天
最强大脑单词记忆法原理及体系

一、英语单词为什么这么难记

英语对于很多学生来说，是最为头疼的科目，单词记不住，句型整不明白，发音不会……存在各种问题。但是随着全球化的发展，英语作为一门使用广泛的语言，我们又不得不掌握，因此我们需要正视这个问题并解决它。接下来，我们就带同学们用记忆法的思路来解决记忆英语单词这个难题。

经过我们分析，英语单词难以记忆通常由以下的一些原因造成：

1. 重复不够

神经生物学家尤里·什特罗夫领导的研究小组得出结论：人的大脑能够在15分钟内记住任何语言中最艰涩难懂的单词。在这段时间内，负责记忆的神经细胞之间将形成稳定的联系，并将终生保存。专家指出，绝对记忆时间甚至可以更少。关键是如果希望永久记住新单词，就需要重复练习，朗读或者默记都可以，至少重复160次。

2. 死记硬背，未找到规律

研究记忆的专家艾宾浩斯通过实验发现，我们记忆有意义的音节的能力远超记忆无意义的音节，比如一首歌可能听3—4遍就会了，但是记忆一串无意义的数字重复十几遍还是容易忘记。

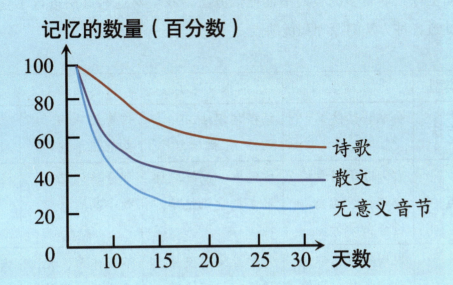

因此，找到记忆材料的规律十分重要。

3. 缺乏运用的环境

一方面，英语作为外语，中国学生普遍缺少运用的机会，虽然会有一些"英语角""英语沙龙"，但是跟母语的使用频率和场景是完全不能比的。

另一方面，同学们会孤零零地记忆单词，要知道：英语单词意思不是孤立的，很多单词还存在一词多义和固定搭配的情况。例如 train 这个单词，最常见的意思是火车、列车，也可以表示齿轮组、训练、一连串、导火线、瞄准等意思，和 bullet（子弹）可以组成固定搭配，bullet train 是"动车"的意思。

把单词放在语句中记忆会更准确、深刻，缺乏语境容易导致意思理解偏差和无法有效使用的情况。

4. 汉语和英语记忆方式不同

汉字是表意文字，我们可以从某个汉字结构中大致知道它所表达的意思，但无法知道它如何去读；英语属于表音文字，看到一个单词写法我们可以知道它的读音并读出来，但大部分时候我们难以从写法中知道它所表示的意义。

二、英语单词记忆方法比较

市面上存在非常多的英语单词记忆方法，我们对这些方法进行了整理和分析，让同学们知道各种方法的原理和优缺点：

方法类型	发音类	词根词源类	联想记忆类	语境记忆类
代表方法	自然拼读法	词根词缀法 词源法（格林定律）	谐音记单词 象形记单词	动画／电影／外教学英语
优点	大部分单词看词会读，听词会拼，适合初学者。	方便中、高阶段学习者批量记忆单词。	部分单词记忆效率高。	注重语言实用。
缺点	规则较多，部分单词不符合规律，难以记住意思。	初学者难以使用，词根、词缀较多，记忆困难，部分单词联想困难。	不成体系，无法通用；不被专业人士推崇。	需要良好、不断重复的语言应用环境；单词拼写记忆效率不高。

三、最强大脑高效单词记忆法体系

同学们可以仔细想一想，记忆单词最重要的几个点是什么呢？

_____

_____

单词最重要的三要素：读音、写法、意思。如果我们掌握了这三点，至少就做到了熟悉这个单词本身，如果想再熟悉它的用法，就需要在实际语境中多运用了。

最强大脑单词的记忆体系就是瞄准单词的"三要素"来设计的，结合观察法、配对法、串联法等，形成单词的十大记忆方法，这十大记忆方法可以分为三个类别，分别是从单词的读音、结构以及对单词进行拆分的方式出发，能够针对不同类型的单词找到记忆它的最佳规律。

四、单词的一般记忆步骤

那么，如何使用"最强大脑高效记忆法"来记忆单词呢？一般来说，记忆单词有以下几个步骤：

（1）读准音：读准音是正确发音的基础，需要熟练掌握国际音标和自然拼读法。

（2）找规律：寻找单词中蕴含的规律，也许是读音上的，也许是拼写上的。找到这些规律我们就找到了运用联想记忆的条件。

（3）拆分联想：将单词有规律的部分进行合理拆分，然后利用联想记忆法将单词的意思与拆分的部分进行联想记忆。

（4）还原复习：还原记忆的单词，看自己是否能够掌握发音、拼写及意思，并运用科学的方法进行复习。

读准音是我们记忆单词的第一步，大部分的单词，只要会读，基本上就可以做到正确拼写。如何读准呢？试想小时候当一个汉字不会读时，我们会怎么做？那时候还不会用手机、电脑，但我们会查字典，只要看到字典上的拼音，也就能读出来。同理，当一个单词不会读时，我们也可以通过音标来了解读音。因此，接下来我们首要学习的是国际音标及自然拼读法。

五、最强大脑单词记忆法——音标

1. 国际音标

标准的国际音标总计48个，其中20个元音，28个辅音。元音分为单元音和双元音，辅音分为清辅音、浊辅音和鼻音。

元音	单元音	/ɑ:/	/ɔ:/	/ɜ:/	/i:/	/u:/						
		/ʌ/	/ɒ/	/ə/	/ɪ/	/ʊ/	/e/	/æ/				
	双元音	/eɪ/	/aɪ/	/ɔɪ/	/əʊ/	/aʊ/	/ɪə/	/eə/	/ʊə/			
辅音	清辅音	/p/	/t/	/k/	/f/	/s/	/ʃ/	/tʃ/	/ts/	/θ/	/tr/	/h/
	浊辅音	/b/	/d/	/g/	/v/	/z/	/ʒ/	/dʒ/	/dz/	/ð/	/dr/	/r/	/l/	/j/	/w/
	鼻音	/m/	/n/	/ŋ/								

2. 元音及记忆方法

元音	单元音	/ɑ:/	/ɔ:/	/ɜ:/	/i:/	/u:/		
		/ʌ/	/ɒ/	/ə/	/ɪ/	/ʊ/	/e/	/æ/
	双元音	/eɪ/	/aɪ/	/ɔɪ/	/əʊ/	/aʊ/	/ɪə/	/eə/	/ʊə/

仔细观察上表，对于黑色的部分，单元音的发音与汉语拼音类似，双元音则是把两个单元音合在一起即可，我们只需要稍加熟悉就能够记住。重点在于不常见的部分（红色部分），这部分我们可以利用方法快速记忆。

/ɜ:/ 发音类似"饿"（例词：bird、girl）
记忆方法：3（3）天只吃两粒米（:），肚子很饿。

/ʌ/ 发音类似"啊"（例词：bus、cup）
记忆方法：ʌ像钢笔头，想象被钢笔头戳到，疼得发出"啊"的声音。

/e/ 发音类似"诶"（例词：egg、pen）
记忆方法：e像眼睛，想象上课眯着眼睛像在睡觉，同学赶紧发出"诶诶诶"的声音来叫醒你。

/æ/ 发音可以用"apple"来提示（例词：ant、pan）
记忆方法：æ像两个胖胖的苹果，正好对应单词的发音。

/ə/ 发音类似"鹅"（例词：mother）
记忆方法：ə的形状就像一只"鹅"。

3. 辅音及记忆方法

英语中辅音共有 28 个，其中分为清辅音 11 个、浊辅音 14 个、鼻音 3 个。

辅音	清辅音	/p/	/t/	/k/	/f/	/s/	/ʃ/	/tʃ/	/ts/	/θ/	/tr/	/h/		
	浊辅音	/b/	/d/	/g/	/v/	/z/	/ʒ/	/dʒ/	/dz/	/ð/	/dr/	/r/	/l/	/j/	/w/
	鼻音	/m/	/n/	/ŋ/											

我们来分析一下：黑色字体的辅音发音与拼音是类似的，因此不用特别记忆，这样辅音的发音记忆只剩下 13 个。

这里给我们的启示是：在要记忆学习内容的时候，先做整理是十分必要的，有可能会人人简化要记忆的内容。

/ʃ/
发音：类似"嘘"（例词：she、sheep）
记忆方法：ʃ 像长长的钓鱼线，钓鱼的时候一定要安静，所以发"嘘"的声音。

/tʃ/
发音：类似"吃"（例词：China）
记忆方法：在伞（t）下钓鱼（ʃ）是为了"吃"鱼。

/ʒ/

发音：类似"蠕"（例词：pleasure）

记忆方法：虫子（ʒ）会"蠕"动。

/dʒ/

发音：类似"举"（例词：jump）

记忆方法：用勺子（d）"举"起菜里的虫子（ʒ），找服务员投诉。

/ts/

发音：类似"刺"（例词：cats）

记忆方法：用雨伞（t）"刺"蛇（s）。

/dz/

发音：类似"紫"（例词：friends）

记忆方法：用勺子（d）把鸭子（z）拍"紫"了。

/θ/ /ð/

发音：属于咬舌音（例词：thank、this）

记忆方法: /θ/ 和 /ð/ 像圆圆的嘴巴和舌头，轻轻地咬住舌头就可以发出正确的读音，清辅音 /θ/ 和浊辅音 /ð/ 的区别在于喉咙有没有震动。

/tr/

发音：类似"戳"（例词：tree）

记忆方法：用雨伞（t）把蝴蝶（r）轻轻"戳"走。

/dr/

发音：类似"捉"（例词：dress）

记忆方法：用网兜（d）"捉"蝴蝶（r）。

/r/

发音：卷舌音（例词：red）

记忆方法：r 的形状就像舌头卷起来。

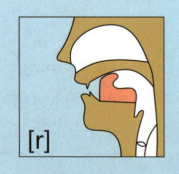

/ŋ/
发音：后鼻音（例词：sing）
记忆方法：ŋ 的形状就像舌头贴住软腭。

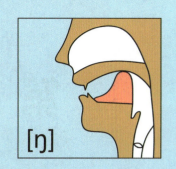

/j/
发音：类似"耶"（例词：yes）
记忆方法：鱼儿上钩（j）了，"耶"！

第 12 天

拼读法

将 48 个国际音标牢牢记住，并且能做到"指哪读哪"之后，就可以学习如何通过音标拼读单词。这一步不仅可以快速弄清单词的正确发音，还可以大大提高单词记忆的效率。

一、英语单词音节划分

1. 什么是音节?

音节是读音的基本单位。我们知道，汉语的音节是由声母和韵母组成（比如：b+ ǐ →笔），单个韵母也可自成音节（比如： ā →啊）。

同样的，单词的读音也是分解为一个个音节来朗读，一个音节叫单音节（比如：cat、bag），两个音节叫双音节（比如：ha—ppy、tea—cher），两个音节以上叫多音节（比如：po—ta—to、fa—mi—ly）。

音节的核心是元音，元音可以单独构成音节，也可以与辅音音素一起构成音节。通俗来讲，一个单词含有多少个元音发音，就有多少个音节。注意，我们这里指的元音是元音发音，而不是元音字母，比如 boat 含有 o 和 a 两个元音字母，但这里 oa 组合只发一个音，所以 boat 属于单音节单词。

2. 划分规则

元音是构成音节的主体，辅音是音节的分界线。在单词记忆中，划分音节可以帮我们将单词进行分段记忆。比如"helicopter 直升机"这个单词，原本要记 10 个字母，但如果我们把它分成"he—li—cop—ter"4段发音来记，记忆就会更轻松。

我们以单词拼写为目的，筛选出了一些常见的音节划分规则，大家可以记住下面这个口诀，适用于大部分单词：

辅元来把音节凑，一归后，二分手，

字母组合手牵手，前缀后缀独自走。

接下来我们运用口诀看下怎么划分音节：

口诀	单词划分	详解
辅元来把音节凑	ba—na—na	一个单词含有多少个元音发音，就有多少个音节，这个单词可以分为3个部分。
一归后	ta—xi	两个元音之间有一个辅音，该辅音划分给后面的元音做搭档，所以x与i做搭档。
二分手	fan—tas—tic	两个元音之间有两个辅音字母，将两个辅音平分给前后两个元音。所以n和t、s和t与前后各自搭档。
字母组合手牵手	pho—to tea—cher ac—tion	遇到常见的字母组合（如：ee、ea、oa、er、ck、ch、gh、ph、tr、前缀、后缀……），划分音节时不能分开。

从辅助单词拼写的角度来说，掌握以上音节划分的规则，基本是够用的。如果你对更详细的音节划分规则感兴趣，可以查阅相关资料，音节的划分本身有一套完整的体系，这里就不展开讲解。

练习：请根据发音将下列单词进行音节拆分，并判断音节数。

单词	音节拆分	音节数
paper	pa—per	2个音节
student		
computer		
popular		
enthusiastic		

二、不同字母及字母组合的发音

我们前面讲了如何将长单词进行音节划分，变成一段一段的发音来记，接下来要解决的问题就是"怎么通过发音来拼出相应的音节"，那么我们就需要知道，不同的发音对应的是哪些字母。

常见的字母或者字母组合会有一些固定的发音，如果我们能掌握这些规律，拼写就会变得简单很多。

1. 常见元音字母发音对照表

发音	/ɑ:/	/ɔ:/	/ɜ:/	/i:/	/u:/
常见组合	a ar al	or oor our ar al aw au augh	er ir or ur	e ee ea	u oo ou o
发音	/ʌ/	/ɒ/	/ə/	/ɪ/	/ʊ/
常见组合	u o	o a	e a o er or ar	i e y ey	u oo
发音	/e/	/æ/	/eɪ/	/aɪ/	/ɔɪ/
常见组合	e ea ai	a	a ay ai ey eigh	i y igh	oy oi
发音	/ɪə/	/eə/	/ʊə/	/əʊ/	/aʊ/
常见组合	ear eer ere	air are ere ear	oor ure	o oa ow	ou o w

2. 常见辅音字母发音对照表

发音	/m/	/n/	/ŋ/	/h/
常见组合	m mn	n kn	n ng	h wh
发音	/p/	/t/	/k/	/f/
常见组合	p	t	k c ck	f ph gh
发音	/b/	/d/	/g/	/v/
常见组合	b	d	g	v
发音	/s/	/ʃ/	/tʃ/	/ts/
常见组合	s c	sh	ch	ts
发音	/z/	/ʒ/	/dʒ/	/dz/
常见组合	s z	si s	j g	ds
发音	/θ/	/tr/	/l/	/w/
常见组合	th	tr	l	w wh
发音	/ð/	/dr/	/r/	/j/
常见组合	th	dr	r wr	y

三、发音与字母对应关系的记忆方法

有的发音对应的字母或者字母组合有多种，这种该如何记忆呢？

其实，我们可以利用"串联记忆法"把这个记忆问题轻松解决，比如：

/eɪ/	a	ay	ai	ey	eigh

（1）找到这些常见字母组合对应的熟悉的单词。

/eɪ/	a	ay	ai	ey	eigh
对应单词	game	play	rain	they	eight

（2）用串联记忆法把"发音"和"对应单词"关联起来。

记忆方法：

欸——They play games in the rain at eight.

欸，快看，他们 8 点钟的时候在雨中玩游戏。

这种方法不仅可以帮助我们快速记住各种组合的发音，而且对于积累单词量有不小的帮助。其他常见发音对应字母组合的记忆方法在此列出，供大家参考，同学们也可以根据自己熟悉的单词自行运用这种方法来记。

/ə/
呃——The doctor singer opens the sugar and banana today. 呃，那个医生歌手今天打开了糖和香蕉。
/ɜ:/
饿——The nurse works for her bird. 小鸟肚子饿了，护士为她的小鸟工作。

/ɪə/

ear 听到——The deer is near here.

耳朵听到——鹿在附近

/eə/

air 闻到——Let's share the pear on the chair over there.

闻到空气中梨的香气——让我们分享那把椅子上的梨吧。

/i:/

eat——I eat and sleep in the evening.

吃——我晚上吃饭然后睡觉。

/ɔ:/

喔喔喔——I draw four small horses on the door in the warm autumn.

公鸡在喔喔喔地叫着，我在这个温暖的秋天，画了四匹小马在门上。

/əʊ/

Oh，open the window and put on your coat.

噢，打开窗然后穿上你的外套。

/u:/

呜——The moon in the soup is blue in the movie.

呜，在电影中，汤里的月亮是蓝色的。

有一些常见的组合发音与单字母发音相差很大，这些就很容易记不住，我们可以对这些组合进行汇总。下面是一些案例，请尝试自己能不能用所学的记忆方法来记忆组合与发音之间的关系呢？

常见难点组合发音

组合	发音	单词
qu	/kw/	quickly、quiet
ture	/tʃəː/	picture、lecture
tion	/ʃen/	nation、station
sure	/ʒə/	measure、pleasure
gh、末尾 e	不发音	night、like

四、通过发音拼单词

学会了发音，那么我们就可以利用起来进行拼写了，对于拼写，一般的步骤为：

（1）发准音；

（2）分音节；

（3）拼写单词；

（4）对照中文意思；

（5）如果依然觉得不好记，那么可以通过联想的方法进行提示。

1. 单词拼写举例

limit /ˈlɪmɪt/ v. 限制
拼读：/ˈlɪ mɪ t/
　　　 li mi t
联想：这个地方限制高 1 厘米，特别严格。
　　　 limit　　 limi　　 t

bend /bend/ *v.* 弯曲 拼读：/ben d/ 　　　ben d 联想：笨的人脑袋不会转弯。 　　　ben d　　　bend	
cherry /'tʃeri/ *n.* 樱桃 拼读：/'tʃe ri/ 　　　che rry 联想：车 厘子 人人有。 　　　che cherry rry	
temple /'templ/ *n.* 寺庙 拼读：/'tem pl/ 　　　tem ple 联想：寺庙在 特价卖 苹果。 　　　temple te　m apple	
fake /feɪk/ *n.* 假货 拼读：/feɪ k/ 　　　fa ke 联想：这个工厂制造 假货。 　　　　　make fake	
dusk /dʌsk/ *n.* 黄昏 拼读：/dʌ sk/ 　　　du sk 联想：黄昏时鸭子在湖里嬉游。 　　　dusk duck	
suffer /'sʌfə（r）/ *v.* 遭受 拼读：/'sʌ fə（r）/ 　　　su ffer 联想：他遭受两把飞速砍过来的斧头儿的威胁。 　　　suffer　su　　　ff　er	

gossip /ˈgɒsɪp/ *n.* 闲话 拼读：/ˈgɒ sɪp/ 　　　　go ssip 联想：去看那两个女孩的 ip，她们在说别人的闲话。 　　　go　　　ss　　　　　　　　gossip	
loose /luːs/ *v.* 松开 拼读：/luː s/ 　　　　loo se 联想：松开 100 种颜色的气球飞上天空。 　　loose loo　　se	

第13天
谐音法和拼音法

当有了拼读意识之后，如果依然有一些单词记不住，这时候可以通过联想的方法进行记忆。前面已经讲过，记忆单词的方法分为三大类别、十大方法，分别通过单词的读音、结构及拆分的方式进行联想记忆。在接下来的学习中，我们先通过单词读音入手，带领大家用各种方法来实战记忆单词，在学习后可以把教授的方法的记忆效率和效果与自己之前的情况作对比。

一、谐音法

谐音的方法容易上手，并且经常会产生有趣的联想，但需要强调，我们并不提倡大部分单词通过中文谐音提示英语读音，"谐音助记"的方法必须是在我们已经确定读准了该单词的发音之后去使用，而且只是通过读音来提示"中文词义"，正确的读音请务必通过音标拼读或者跟读词典练习。

比如：glue /gluː/ *n.* 胶，胶水

分析：其发音类似于中文的"咕噜"。

联想：挤胶水时会发出咕噜咕噜的声音。

是不是一下子就记住了呢？这就是谐音法记忆英语单词的具体方式。

1. 谐音法示例

Monday /ˈmʌndeɪ/ n. 星期一 谐音：Mon——谐音为"忙"；day——n. 天；白天 记忆方法：很忙的一天，就是星期一。 　　　　　　　　　　Monday	
organ /ˈɔːrɡən/ n. 器官；机构 谐音：噢，肝 记忆方法：噢，肝是很重要的器官。 　　　　　　　organ	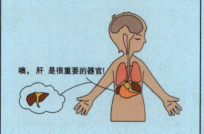
branch /bræntʃ/ n. 树枝 谐音：不让吃 记忆方法：不让吃树枝。 　　　　　　branch	
immune /ɪˈmjuːn/ adj. 有免疫力的；不受影响；免除； 　　　　　　　　　　受保护 谐音：疫苗 记忆方法：打了疫苗就有免疫力。 　　　　　immune	
hyphen /ˈhaɪfn/ n. 连字号；连字符 谐音：还分 记忆方法：还分着呢？快用连字符连在一起。 　　　　　　　　　hyphen	
pest /pest/ n. 害虫 谐音：拍死它 记忆方法：看到害虫，我们就拍死它。 　　　　　pest	

fraud /frɔːd/ *n.* 欺诈罪；骗子

谐音：富饶的

记忆方法：骗子喜欢欺骗富饶的地方。

　　　　　fraud

ignite /ɪɡˈnaɪt/ *v.* 点燃；激起

谐音：一个 night

记忆方法：一个 night，燃烧起了大火。

　　　　　　ignite

hawk /hɔːk/ *n.* 鹰；清嗓声

　　　　　　v. 大声清嗓；兜售

谐音：好客

记忆方法：好客的人清清嗓子，拿来一只鹰。

　　　　　　　hawk

mango /ˈmæŋɡəʊ/ *n.* 芒果

谐音：芒果

记忆方法：一个男人拿着芒果　走过来。

　　　　　man　　mango　go

lemon /ˈlemən/ *n.* 柠檬

谐音：柠檬

记忆方法：吃柠檬很快乐，快乐得好像到了月亮上。

　　　　　lemon　　le　　　　　moon

admire /ədˈmaɪə/ *v.* 钦佩；欣赏

谐音：额的妈呀

记忆方法：额的妈呀，好钦佩你呀。

　　　　　　　admire

ambition /æmˈbɪʃən/ *n.* 雄心，抱负，野心

谐音：俺必胜

记忆方法：俺必胜 → 雄心

        ambition

attorney /əˈtɜːni/ *n.* 律师；代理人

谐音：额，托你

记忆方法：额，托你做我的律师。

        attorney

avenue /ˈævənuː/ *n.* 林荫道；大街

谐音：爱问牛

记忆方法：我在大街上，爱问牛问题。

        avenue

buffet /ˈbʌfɪt/ *n.* 自助餐

谐音：巴菲特（Buffett）

记忆方法：巴菲特在吃自助餐。

        buffet

economy /ɪˈkɑːnəmi/ *n.* 经济

谐音：依靠农民

记忆方法：经济发展需要依靠农民。

        economy

loaf /ləʊf/ *n.* 一条（面包）

        v. 游手好闲

谐音：老夫

记忆方法：老夫我吃着一条面包。

        loaf

pistol /ˈpɪstl/ *n.* 手枪
谐音：必死透
记忆方法：用手枪，必死透。
　　　　pistol

2. 谐音法总结

谐音法记忆将读音与单词的意思进行有效连接，实现了记住"意思"的目标，搭配拼读法能实现记住"拼写"的目标，是一种高效的记忆方法。但也有明显的缺陷，其中最有争议的就是经常会有同学担忧，用谐音法是否会影响英语发音。关于这个问题我们也一再强调，英语学习始终是读音先行，谐音法只是作为一种提示，学习一门语言，跟读正确发音是必须要做的事情。

二、拼音法

有些单词的字母组合跟中文的拼音结构一样，根据"以熟记新"的原则，用熟悉的中文拼音来记忆新的单词，这种方法就是拼音法。

比如：band /bænd/ *n.* 乐队

分析：band 可以拆分为"ban+d"，前面的拼音是"班"，后面是"的"。

联想：一个班　的人组成了乐队。
　　　　ban　d　　　　band

1. 拼音法示例

sand /sænd/ *n.* 沙滩，沙
拼音：san 可以想成"散"，d 想成"的"。
记忆方法：沙子都是散的。
　　　　sand　　san d

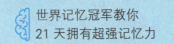

pale /peɪl/ *adj.* 苍白的，灰白的

拼音：pa 可以想成"怕"，le 可以转化为"了"。

记忆方法：怕了就会面色苍白。

　　　　　　pa le　　　　　pale

cheer /tʃɪə（r）/ *v.* 欢呼，喝彩

拼音：che 对应"车"，er 对应"儿"。

记忆方法：车儿来了，欢呼起来。

　　　　　　che er　　　　cheer

data /ˈdeɪtə/ *n.* 资料，数据

拼音：da 对应"打"，ta 对应"他"。

记忆方法：他拿走我的资料和数据，所以要打他。

　　　　　　data　　data　　　　da ta

chaos /ˈkeɪɒs/ *n.* 混乱，杂乱

拼音：chao 对应"吵"，s 可以联想到"死"。

记忆方法：吵死了，因为太混乱了。

　　　　　chao s　　　　　chaos

tale /teɪl/ *n.* 故事，传说，叙述

拼音：ta 可以想象成"塌/他"，le 对应"了"。

记忆方法：他讲了一个故事，然后房子塌了。

　　　　　　　　tale　　　　　ta le

parish /ˈpærɪʃ/ *n.* 教区，行政小区

拼音：pa 对应拼音是"怕"，rish 读起来像"日食"。

记忆方法：这个教区的人很怕 日食。

　　　　　parish　　pa ri sh

aisle /aɪl/ *n.* 走廊，通道

拼音：ai 对应拼音是"爱"，s 对应"死"，le 对应为"了"。

记忆方法：爱死这条走廊了。

　　　　ai s　　aisle le

siesta /siˈestə/ *n.* 午睡

拼音：si 对应拼音为"四"，es 可以想象成"饿死"，ta 对应为"他"。

记忆方法：午睡睡了四个小时，饿死他了。

　　　siesta　si　　e s ta

aid /eɪd/ *n.* 援助，帮助

拼音：ai—"爱"；d—"的"

记忆方法：爱的帮助。

　　　　ai d aid

ban /bæn/ *v.* 禁止；取缔

拼音：ban—"扳"

记忆方法：在这里，扳手是禁止使用的。

　　　　ban　ban

bin /bɪn/ *n.* 垃圾箱

拼音：bin—"缤"

记忆方法：色彩缤纷的垃圾箱。

bin   bin

chef /ʃef/ *n.* 厨师，主厨

拼音：che—"车"；f—"夫"

记忆方法：这位车夫还是一名厨师。

che f   chef

dare /der/ *v.* 敢于

拼音：da—"大"；re—"热"

记忆方法：大热的天，你敢出门吗？

da re   dare

defend /dɪˈfend/ *v.* 防御；防守

拼音：de—"得"；fen—"分"；d—"的"

记忆方法：得分的人要很会防守。

de fen d   defend

elm /elm/ *n.* 榆树

拼音：elm—"饿了么"的拼音首字母

记忆方法：饿了么骑手遇到一棵榆树，停下来休息。

e l m   elm

pile /paɪl/ *n.* 堆 拼音：pi—"劈"；le—"了" 记忆方法：劈 了一堆木柴。 　　　　　pi le pile	
pine /paɪn/ *n.* 松树；松木 拼音：pi—"皮"；ne—"呢" 记忆方法：松树的皮 呢。 　　　　　pine pi ne	
tan /tæn/ *n.* 棕褐色；晒黑的皮肤 拼音：tan—碳 记忆方法：晒黑的皮肤就是棕褐色，像碳的颜色。 　　　　　tan　　　　tan	

2. 拼音法总结

　　拼音法简单易用，将单词用熟悉的拼音提示，再与意思相联结，可以实现"会拼写""知意思"的目标。但大多数情况下单词不会是完整的拼音，需要和一些字母或字母组合搭配使用。

第14天
形似法和换位法

接下来介绍通过单词结构进行联想的方法，包括形似法、换位法。

一、形似法

你是否经常觉得某些生词看起来很眼熟？很多单词拆分之后即使没有完整的熟词，也很容易找出近似单词，我们可以通过这种方式来实现以熟记新。

例如：horse /hɔ:rs/ *n.* 马

分析：可以与 house（房子）这个单词进行比较记忆，差别在于 r，r 我们可以想象成小草。

联想：一匹马在房子旁吃草。

house   r

这就是"形似比较法"的一般分析和联想方式。

1. 形似比较法示例

worry /ˈwɜ:ri/ *v.* 担心 比较：sorry—*adj.* 对不起；worry—*v.* 担心；wo—我 记忆方法：对不起，我让你担心了。 　　　　　sorry　wo　worry	
silk /sɪlk/ *n.* （蚕）丝，丝织品 比较：milk—*n.* 牛奶；silk—*n.* 蚕丝；si—"丝" 记忆方法：牛奶如蚕丝般光滑。 　　　　　milk　silk	

feed /fi:d/ *v.* 喂养；饲养

比较：need—*v.* 需要；feed—*v.* 喂养

记忆方法：动物需要 喂养。

　　　　　need feed

butter /ˈbʌtər/ *n.* 黄油

比较：better—*adj.* 较好的；butter—*n.* 黄油；u — 你

记忆方法：请你选一块比较好的 黄油。

　　　u　　　better butter

sorrow /ˈsɑ:roʊ/ *n.* 悲伤

比较：borrow—*v.* 借；sorrow—*n.* 悲伤

记忆方法：借钱不还很悲伤。

　　　borrow　sorrow

ginger /ˈdʒɪndʒə/ *n.* 姜，生姜

比较：finger—*n.* 手指；ginger—*n.* 生姜

记忆方法：哥哥切生姜时切到了手指。

　　　g　ginger　　finger

coffin /ˈkɔfɪn/ *n.* 棺材

比较：coffee—*n.* 咖啡；coffin—*n.* 棺材

记忆方法：在棺材 里喝咖啡。

　　　coffin　in　coffee

gravel /ˈɡrævl/ *n.* 砂砾；碎石

比较：travel—*v.* 旅行；gravel—*n.* 砂砾

记忆方法：哥哥旅行时发现很多砂砾。

　　　g travel　　　gravel

ballet /bæˈleɪ/ n. 芭蕾舞；舞剧

比较：bullet—n. 子弹；ballet—n. 芭蕾舞；a——

记忆方法：你用一发子弹射向芭蕾舞者。

        a   bullet   ballet

altitude /ˈæltɪtuːd/ n. 海拔；海拔高度；高处

比较：attitude—n. 态度；altitude—n. 海拔；l—高高的海拔

记忆方法：海拔太高，我保持不了好的态度。

  altitude   l   attitude

adopt /əˈdɑːpt/ v. 收养；采取

比较：adapt—v. 改编；adopt—v. 收养；采取

记忆方法：收养就要做好，随便改编故事会被打。

  adopt   do   adapt   da

parrot /ˈpærət/ n. 鹦鹉

比较：carrot—n. 胡萝卜；parrot—n. 鹦鹉

记忆方法：鹦鹉在吃胡萝卜。

  parrot   carrot

petty /ˈpeti/ adj. 小的；不重要的；小气的；狭隘的

比较：pretty—adj. 漂亮的；petty—adj. 狭隘的

记忆方法：她很漂亮，但是很狭隘。

  pretty   petty

ample /ˈæmpl/ adj. 丰裕的，足够的

比较：apple—n. 苹果；ample—adj. 足够的

记忆方法：上午我采摘了足够的 苹果。

  am   ample   apple

fable /ˈfeɪbl/ *n.* 寓言 比较：table—*n.* 桌子；fable—*n.* 寓言 记忆方法：坐在<u>桌子</u>旁读<u>寓言</u>。 　　　　　 table　　fable	
faint /feɪnt/ *adj.* 头晕的 比较：paint—*n.* 油漆；faint—*adj.* 头晕的 记忆方法：<u>油漆</u>闻着让人<u>头晕</u>。 　　　　　 paint　　　　 faint	
hire /ˈhaɪər/ *v.* 雇用 比较：hire—*v.* 雇用；fire—*v.* 解雇 / *n.* 火 记忆方法：被<u>雇用</u>就说<u>嗨</u>，被<u>解雇</u>脑袋冒<u>火</u>。 　　　　　 hire　　hi　 fire　　 fire	
hive /haɪv/ *n.* 蜂箱 比较：five—*num.* 五；hive—*n.* 蜂箱 记忆方法：这里有<u>五个蜂箱</u>。 　　　　　　 five　hive	
peg /peg/ *n.* 晾衣夹子 比较：pig—*n.* 猪；peg—*n.* 晾衣夹子 记忆方法：用<u>晾衣夹子</u>把<u>猪</u>夹住。 　　　　　 peg　　 pig	

2. 形似比较法总结

　　形似比较法通过以熟记新的方式将生词与熟词构建联结，是扩充词汇量的好方法，既能记忆新单词，也能回顾熟词，非常推荐。但形似比较法也有缺点，如果词汇量不够，无法找到可以匹配的比较单词，该方法将无法使用。

在使用形似比较法时，要注意一点：生词与熟词有区别的部分，要加入联想当中，防止在拼写时发生错误。

二、换位法

字母换位法是形似比较法的延伸，有些单词粗看没有任何规律，但是如果稍微调整一下字母之间的顺序，就可以产生意想不到的效果。

比如：god /gɑ:d/ *n.* 上帝

分析：如果将字母顺序调换一下，那么就变成了 dog（狗），这个单词我们非常熟悉。

记忆方法：上帝有条狗。

god   dog

1. 字母换位法示例

net /net/ *n.* 网；网状物 换位：ten—十；net—*n.* 网；网状物 记忆方法：十张网。 <div align="center">ten net</div>	
raw /rɔ:/ *adj.* 生的；未经过加工的 换位：war—*n.* 战争；raw—*adj.* 生的 记忆方法：战争时期有人吃生肉。 <div align="center">war raw</div>	
nap /næp/ *n.* 小睡，打盹 *v.* 打瞌睡 换位：pan—*n.* 平底锅；nap—*n.* 小睡 记忆方法：趴在平底锅上小睡一会儿。 <div align="center">pan nap</div>	

emit /iˈmɪt/ v. 发出；排放；散发（光、热等）

换位：time—n. 时间；emit—v. 发出；排放

记忆方法：工厂应该按时间 排放气体。

　　　　　　time　emit

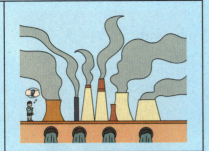

doom /duːm/ n. 厄运

换位：mood—n. 情绪；doom—n. 厄运

记忆方法：厄运来临，情绪很差。

　　　　doom　　　mood

evil /ˈiːvl/ adj 邪恶的

换位：live—v. 活着；evil—adj. 邪恶的

记忆方法：活着的人都有邪恶的一面。

　　　　live　　　　　evil

loop /luːp/ n. 圈；环形

换位：pool—n. 游泳池；loop—n. 圈；环形

记忆方法：游泳池里面有个绳圈。

　　　　pool　　　　loop

era /ˈɪrə/ n. 时代

换位：are—v. 是；era—n. 时代

记忆方法：这些时代都是很辉煌的。

　　　　　era　　are

moor /mʊr/ n. 荒野
　　　　　　　　v. 停泊

换位：room—n. 房间；moor—v. 停泊

记忆方法：船停泊在房间外面。

　　　　moor　room

nib /nɪb/ *n.* 钢笔尖 换位：bin—*n.* 箱；nib—*n.* 钢笔尖 记忆方法：用钢笔尖在垃圾箱上面写字。 　　　　　　nib　　　　　bin	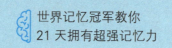
tub /tʌb/ *n.* 浴缸；盆；桶 换位：but—*conj.* 但是；tub—*n.* 浴缸 记忆方法：好想洗澡，但是浴缸坏了。 　　　　　　but　tub	
rood /'ru:d/ *n.* 十字架 换位：door—*n.* 门；rood—*n.* 十字架 记忆方法：门上有个十字架。 　　　　　　door　　　　rood	
teem /ti:m/ *v.* 倾泻，倾注；挤满 换位：meet—*v.* 相遇；teem—*v.* 倾泻 记忆方法：相遇那天，大雨倾泻而下。 　　　　　　meet　　　　　teem	

2. 字母换位法总结

　　字母换位法扩大了找熟词的范围，经常能够将复杂的单词变得很简单。但也有十分明显的缺点：适用范围较窄，只有少部分单词适用这种方法。值得一提的是，有的同学担心用了该方法，会导致拼写错误。其实不必担心，在记忆的过程中已经加入了"这个单词是换位的"的印象，这种印象在回忆的时候是可以复现的。

第15天
字母编码方法

接下来介绍通过拆分的方式衍生出来的记忆方法——字母编码法，这种方法涉及对字母进行编码，下面会对这一方法进行详细讲解。

一、单字母编码方法

根据之前的讲解，在建立编码时三个主要的方式是"音""形""义"。

音的角度：以拼音、字母的发音进行编码。

形的角度：以单词的象形特性进行编码。

义的角度：以单词指代的意义或以该字母开头的词进行编码。

我们以字母"O"为例：

音的角度，读音可以想到"鸥"，所以编码可以定为"海鸥"。

形的角度，像圆圆的鸡蛋或者乒乓球，所以编码可以定为"鸡蛋"。

义的角度，O是氧气的化学元素符号，可以将编码定为"氧气"。

具体采用哪一种编码，以容易联想和想象画面为准则。不管采用哪种方式对字母进行编码，应尽量找自己熟悉的内容，否则可能会导致难以回忆。

字母编码表（参考）

A/a 苹果 	B/b 笔 	C/c 月亮
D/d 弟弟 	E/e 鹅 	F/f 斧头
G/g 哥哥 	H/h 椅子 	I/i 蜡烛
J/j 钩子 	K/k 枪 	L/l 棍子
M/m 麦当劳 	N/n 门 	O/o 鸡蛋

P/p 旗子	Q/q 气球	R/r 小草
S/s 蛇	T/t 伞	U/u 杯子
V/v 漏斗	W/w 皇冠	X/x 剪刀
Y/y 树杈	Z/z 鸭子	

二、字母组合编码方法

解决了单字母编码，我们再来学习更复杂多变的字母组合。字母组合是无限的，但是我们常见的单词中，字母组合出现的频次是有规律的。我们统计了常见的字母组合，沿袭上面讲的方法给出下面的参考编码。

常见的字母组合编码（参考）

ab 阿宝	ab 阿伯	ag 阿哥
ant 蚂蚁	ap 阿婆	ar 矮人
br 病人	ce 厕所	che 车
ck 刺客	ck 长裤	cl 窗帘
cr 超人	ct 磁铁	cur 粗人

d/di 弟弟	de 德国人	er 儿子
et 外星人	eve 猫头鹰	fo 佛
fr 夫人	g/ge 哥哥	gh 桂花
gr 工人	ma 妈妈	ng 南瓜
pr 仆人	ry 人鱼	sp 薯片

ss 双头蛇	st 石头	str 石头人
sur 俗人	th 桃花	tion 神
tr 铁人	ty 太阳	ve 维生素 E
wn 蜗牛		

三、字母编码使用说明

在实际使用过程中，建议固定字母或字母组合的编码，这样在不断的练习中，对编码的熟悉程度会越来越高，记忆单词的效率也会提高；但某些情况下，如果固定编码不合适，可以临时采用新编码，也能增强联想的灵活性和多样性。

1. 字母编码法

在拆分单词时，找完熟词后，可能会剩下一个或多个字母，这种情况可以把字母进行编码，转化为具体的图像，再利用联想记忆，这种方式就是字母编码法。

比如：crab /kræb/ n. 螃蟹，蟹肉

分析：cr 是"超人"的首字母，ab 是"阿宝"的首字母。

联想：超人送给阿宝一只螃蟹。

cr   ab   crab

2. 字母编码法示例

street /striː t/ n. 大街，街道 编码：str 可以想成"石头人"，ee 像"眼睛"，t 形状像"伞"。 记忆方法；石头人眼睛看着路，撑着伞走在大街上。 str ee t street	
tram /træm/ n. 有轨电车，缆车 编码：tr 可以联想成"铁人"，am 可以想到"上午"。 记忆方法：铁人上午乘坐有轨电车上班。 tr am tram	
dive /daɪv/ n. & v. 潜水 编码：di 可以联想成"弟弟"，ve 想到"维生素 E"。 记忆方法：弟弟潜水去捞维生素 E。 di dive ve	

digest /daɪˈdʒest/ *v.* 消化，理解

编码：di 可以联想成"弟弟"，ge 想成"哥哥"，st 可以谐音为"石头"。

记忆方法：弟弟和哥哥吃了块石头，难以消化。
　　　　　di　　ge　　st　　　　digest

grieve /griːv/ *v.* （使）伤心，悲伤

编码：gr 可以联想成"工人"，i 形状像"蜡烛"，eve 很像"猫头鹰"的形象。

记忆方法：工人点燃蜡烛纪念死去的猫头鹰，非常悲伤。
　　　　　gr　　i　　　eve　　　grieve

frantic /ˈfræntɪk/ *adj.* 发疯似的，忙乱的

编码：fr 可以联想成"夫人"，ant 是单词"蚂蚁"，ic 可以想到"ic 卡"。

记忆方法：发狂的夫人给了蚂蚁一张 ic 卡。
　　　　　frantic　fr　　ant　　ic

fret /fret/ *v.* （使）烦恼

编码：fr 可以联想成"夫人"，et 对应"外星人"。

记忆方法：夫人很烦恼，担心外星人来打扰她。
　　　　　fr　　fret　　　et

prey /preɪ/ *n.* 猎物，捕食
　　　　　　　v. 捕食，猎获

编码：pr 可以联想成"仆人"，ey 可以联想到"鳄鱼"。

记忆方法：仆人是鳄鱼的猎物。
　　　　　pr　ey　　prey

loot /luːt/ *n.* 掠夺物，战利品
　　　　　　　v. 抢劫，掠夺，贪污

编码：loo 看起来像"100"，t 形状是"伞"。

记忆：抢劫了 100 把伞。
　　　　　loot　　　　　t

ape /eɪp/ *n.* 类人猿；猿

v. 模仿

编码：ap—阿婆，e—鹅

记忆方法：阿婆给鹅学类人猿的样子。

ap　　e　　ape

lap /læp/ *v.* 拍打

n. 大腿部；一圈

编码：l—棍；ap—阿婆

记忆方法：棍放在阿婆的大腿上。

l　　ap　　lap

chest /tʃest/ *n.* 胸部；大箱子

编码：che—车；st—石头

记忆方法：把车里石头放在胸上。

che　　st　　chest

curl /kɜːrl/ *n.* 卷曲

v.（使）卷曲

编码：cur—粗人；l—棍（卷发棒状）

记忆方法：粗人拿卷发棒把头发弄卷。

cur　　l　　curl

deck /dek/ *n.* 甲板；层；木质平台

v. 装饰；击倒

编码：de—德国人；ck—长裤

记忆方法：德国人穿一条长裤，站在甲板上做装饰。

de　　ck　　deck　　deck

deny /dɪˈnaɪ/ *v.* 否认；拒绝；戒绝

编码：de—德国人；ny—奶油

记忆方法：德国人拒绝吃奶油。

de　　deny　　ny

germ /dʒɜːrm/ *n.* 微生物；细菌 编码：ge—哥哥；rm—肉末 记忆方法：哥哥发现肉末上有很多细菌。 　　　　　 ge　　rm　　　　germ	
surge /sɜːrdʒ/ *n.* 涌动；剧增；大量 　　　　　　　　 *v.* 汹涌；涌动；剧增 编码：sur—俗人；ge—哥 记忆方法：俗人和哥哥看到潮水汹涌。 　　　　　 sur　ge　　　　surge	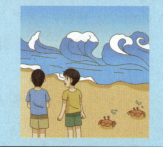
elect /ɪˈlekt/ *v.* 选举；选择 　　　　　　 *adj.* 候任的 编码：ele—大象；ct—磁铁 记忆方法：大象用磁铁选举。 　　　　　 ele　ct　elect	
ebb /eb/ *n.* 退潮，落潮 　　　　　 *v.* 退潮，落潮；衰退，减弱 编码：e—鹅；bb—宝宝 记忆方法：鹅宝宝在等待退潮。 　　　　　 e bb　　　ebb	

四、字母编码法总结

　　字母编码法适用范围广，因为单词理论上可以理解为"字母的组合"，先找熟词，之后将零散的、不熟悉的部分再拆分成小的部分，然后进行编码转化，可以灵活应对不同的单词。但要注意，对一些特定的字母，给予特定的编码，因为不需要临时想象，记忆的时候可以更高效。

第16天
字母熟词法和熟词熟词法

一、字母熟词法

大部分单词里，或多或少包含我们所熟悉的单词，但又会剩下一个或者几个字母，这时候，我们可以先将认识的单词找出来，再用编码法记住剩下的字母。

比如：cold /kəuld/ *adj.* 寒冷的；冷的

分析：c—象形月亮；old—*adj.* 老的

记忆方法：月光下，老人感到寒冷。

c   old   cold

1. 字母熟词法示例

farm /fɑːrm/ *n.* 农场 拆分：far—*adj.* 远的；m—麦当劳 记忆方法：农场远处有家麦当劳。 <div align="center">farm far   m</div>

height /haɪt/ *n.* 身高；高度

拆分：h—椅子；eight—*num.* 八

记忆方法：这个椅子的高度是八分米。

h　　height eight

weight /weɪt/ *n.* 重量；分量

拆分：w—王冠；eight—*num.* 八

记忆方法：这个王冠的重量是八克。

w　weight eight

bright /braɪt/ *adj.* 明亮的

拆分：b—笔；right—*n.* 右边

记忆方法：这支笔右边是明亮的。

b right　bright

swing /swɪŋ/ *v.* 摇摆
　　　　　 n. 秋千

拆分：s—美女；wing—*n.* 翅膀

记忆方法：美女戴着翅膀荡秋千，在秋千上摇摆。

s　　wing　　swing swing

crow /krəʊ/ *n.* 乌鸦

拆分：c—月亮；row—*n.* 排

记忆方法：月亮上有一排乌鸦。

c　row crow

crown /kraʊn/ *n.* 王冠；皇冠

拆分：cr—超人；own—*v.* 拥有 /*adj.* 自己的

记忆方法：超人有了自己的王冠。

cr　own crown

clay /kleɪ/ *n.* 泥土，粘土

拆分：c—月亮；lay—*v.* 躺

记忆方法：月亮躺在泥土里。

　　　　c　lay　clay

grin /grɪn/ *v.* 咧着嘴笑，露齿而笑

拆分：gr—工人；in—*prep.* 在……里面

记忆方法：工人在屋里面咧着嘴笑。

　　　gr　　in　　grin

bait /beɪt/ *n.* 诱饵；引诱物

　　　　　 v. 放诱饵；激怒

拆分：ba—"爸"；it—它

记忆方法：爸爸把它当诱饵。

　　　ba　it　bait

scar /skɑːr/ *n.* 伤疤；创伤；污点

　　　　　　v. 结疤

拆分：s—美女；car—*n.* 小轿车

记忆方法：美女被小轿车撞了，留下伤疤。

　　　s　　car　　　scar

scan /skæn/ *v.* 浏览；细看；扫描

　　　　　 n. 扫描检查；浏览

拆分：s—美女；can—能

记忆方法：美女能快速浏览文件。

　　　s　can　　scan

cable /ˈkeɪbl/ *n.* 电缆；钢索；有线电视

　　　　　　 v. 发电报

拆分：c—月亮；able—可以

记忆方法：月亮可以坐在电缆上。

　　　c　able　　cable

clog /klɑːg/ *n.* 木底鞋，木屐 　　　　　*v.* 阻塞，堵塞 拆分：c—月亮；log—*n.* 木材 记忆方法：月亮穿着木材做的木屐，走在堵塞的路上。 　　　　c　　log　　clog　　clog	
dread /dred/ *v.* 害怕；担忧抚摸 　　　　　*n.* 恐惧 拆分：d—弟；read—*v.* 阅读 记忆方法：弟弟害怕阅读。 　　　　d　dread　read	
devil /ˈdevl/ *n.* 魔鬼；家伙；淘气鬼 拆分：d—弟弟；evil—*adj.* 邪恶的 记忆方法：弟弟变成了邪恶的魔鬼。 　　　　d　　　　evil　devil	
current /ˈkɜːrənt/ *adj.* 现在的；通用的 　　　　　　　*n.* 水流；电流；趋向 拆分：cur—粗人；rent—*v.* 租 记忆方法：粗人在租的房子里研究电流。 　　　　cur　rent　　　　current	
arrest /əˈrest/ *v.* 逮捕；阻止；吸引 　　　　　*adj.* 逮捕；停止 拆分：ar—矮人；rest—*v.* 休息 记忆方法：矮人在休息时被逮捕了。 　　　　ar　　rest　　arrest	
pillar /ˈpɪlər/ *n.* 柱子；核心；栋梁 拆分：pill—*n.* 药丸；ar—矮人 记忆方法：矮人靠在柱子旁吃药丸。 　　　　ar　　　pillar　　pill	

2.字母熟词法总结

字母熟词法是除了"形似比较法"之外使用频率最高的方法,随着词汇量的增多,熟悉的单词也越来越多,记忆的方式也就会越来越多,大家一定要重点掌握。

字母熟词法不仅可以记住拼写,明白意思,配合拼读法也可以了解发音,不过需要有一定的词汇量基础和字母编码基础。在使用时,如果出现多种拆分方式,尽量选择拆分少的,这样联想的难度会降低。

二、熟词熟词法

当一个单词是由两个或多个熟悉的单词组成,我们可以直接提取这些熟词,并通过联想的方式将其与单词的意思相结合。

比如:waterfall /ˈwɔːtəfɔːl/ *n.* 瀑布

熟词:water(水)和 fall(落下)

联想:大量的水   落下来,形成了瀑布。

        water   fall   waterfall

1.熟词熟词法示例

schoolbag /ˈskuːl·bæg/ *n.* 书包 拆分:school—*n.* 学校;bag—*n.* 包 记忆方法:去学校背的包,就是书包。 school bag schoolbag	
blackboard /ˈblæcbɔːrd/ *n.* 黑板 拆分:black—*adj.* 黑色的;board—*n.* 木板 记忆方法:黑色的木板,就是黑板。 black board blackboard	

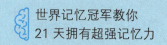

seafood /'si:fu:d/ *n.* 海鲜

拆分：sea—*n.* 海；food—*n.* 食物

记忆方法：海里的食物，就是海鲜。

      sea   food   seafood

seaweed /'si:wi:d/ *n.* 海草；海藻

拆分：sea—*n.* 海；weed—*n.* 野草；水草

记忆方法：海里的水草，就是海草、海藻。

      sea   weed   seaweed

together /tə'geðər/ *adv.* 在一起，共同

拆分：to—到某处，为了给……；get—*v.* 得到；her—她

记忆方法：为了得到她，需要经常和她在一起。

      to get her   together

hijack /'haɪdʒæk/ *v.* 劫持；操纵

拆分：hi—嗨；jack—人名，杰克

记忆方法：嗨，杰克，我们要劫机了。

      hi jack   hijack

carpet /'kɑ:rpɪt/ *n.* 地毯

拆分：car—*n.* 汽车；pet—*n.* 宠物

记忆方法：汽车和宠物比赛看谁先跑到地毯上。

      car pet   carpet

layman /ˈleɪmən/ *n.* 俗人，门外汉，凡人

拆分：lay—*v.* 躺；*adj.* 外行的；man—*n.* 人

记忆方法：躺在门外进不来的人，就是门外汉。

     lay   man   layman

highlight /ˈhaɪlaɪt/ *n.* 最精彩的部分

          v. 加亮，突出

拆分：high—*adj.* 高的；light—*n.* 光

记忆方法：高光就是为了突出最精彩的部分。

    high light   highlight

pantry /ˈpæntri/ *n.* 食品柜，餐具室

拆分：pan—*n.* 平底锅；try—*v.* 尝试

记忆方法：平底锅太大，尝试把它放到食品柜里去。

    pan   try   pantry

campfire /ˈkæmpfaɪər/ *n.* 营火，篝火

拆分：camp—*v.* 露营；fire—*n.* 火

记忆方法：营 + 火 → 营火

   camp fire campfire

fireplace /ˈfaɪərpleɪs/ *n.* 壁炉

拆分：fire—*n.* 火；place—*n.* 地方

记忆方法：家里烧火的地方 → 壁炉

   fire place fireplace

comfortable /ˈkʌmfətəbl/ adj. 令人舒适的，状况良好的，
　　　　　　　　　　　　　　　足够的

拆分：com—come 来到；for—为了；table—桌子

记忆方法：来到这儿是为了这张 舒服的　桌子。
　　　　　　com（e）　for　comfortable table

handbook /ˈhændbʊk/ n. 手册；指南

拆分：hand—n. 手；book—n. 册子

记忆方法：拿在手上阅读的册子→手册
　　　　　　hand　　　book handbook

cargo /ˈkɑːrgoʊ/ n. 货物

拆分：car—n. 车；go—v. 走

记忆方法：跟着车一起走→货物
　　　　　　car　　go　cargo

shopkeeper /ˈʃɑːpkiːpər/ n. 店主

拆分：shop—n. 商店；keeper—n. 看守人

记忆方法：商店 看守人 → 店主
　　　　　　shop keeper shopkeeper

standpoint /ˈstændpɔɪnt/ n. 立场，观点

拆分：stand—v. 站立；point—n. 点

记忆方法：站立的 点 → 立场
　　　　　　stand　point　standpoint

cyberspace /ˈsaɪbərspeɪs/ n. 网络空间 拆分：cyber—n. 网络；space—n. 空间 记忆方法：网络 + 空间 → 网络空间 cyber space cyberspace	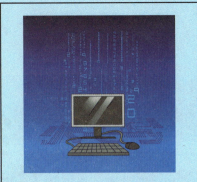
deadline /ˈdedlaɪn/ n. 截止日期，最后期限 拆分：dead—adj. 死的；line—n. 线 记忆方法：死亡的线 → 最后期限 dead line deadline	
rainbow /ˈreɪnboʊ/ n. 彩虹 拆分：rain—n. 雨；bow—adj. 弯曲的 记忆方法：雨后弯曲的就是彩虹。 rain bow rainbow	

2. 熟词熟词法总结

　　熟词熟词法适用于特定情况的单词，多用于构词法合成的单词，记忆的思路也比较简单。而这种由熟词构成的新词，有两大类：一类可以直接推出意思；另一类不能直接推出意思，但可以用串联、编故事的方式来联想记忆。

第17天
词根词缀法和综合法

一、词根词缀法

随着年级提升，大家会接触到词根词缀，词根词缀是从词源的角度来看待单词，涉及词语的起源、演变和进化过程。掌握好词根词缀在一定程度上有着快速增加自己的单词量或通晓单词的词性等的作用。

比如：discover /dɪˈskʌvər/ v. 发现；了解到

词根词缀：dis—否定前缀；cover—v. 覆盖

记忆方法：没有覆盖，所以被发现了。

dis cover   discover

1. 词根词缀法示例

kilometer /ˈkɪləʊˌmiːtə/ n. 千米，公里

拆分：kilo—千；meter—米

记忆方法：千 + 米 = 千米

kilo + meter = kilometer

kilogram /ˈkɪləɡræm/ *n.* 千克，公斤

拆分：kilo—千；gram—写、记录

记忆方法：记录下来重多少千克。
        gram   kilogram

protect /prəˈtekt/ *v.* 防护，保护

拆分：pro—前；tect—藏，覆盖

记忆方法：藏在鸡妈妈后保护自己免受前面的攻击。
      tect   protect   pro

progress /ˈprəʊɡres，prəˈɡres/ *v.* 进步，进展

拆分：pro—前；gress—走，步伐

记忆方法：一直向前 走 就会有进步。
     pro gress   progress

     或者一直往前 走 事情就会有进展。
     pro gress   progress

telescope /ˈtelɪskəʊp/ *n.* 望远镜

拆分：tele—远距离的；scope—名词后缀

记忆方法：能看到远距离的东西是望远镜。
     tele   telescope

preview /ˈpriːvjuː/ *v.* 预告，预测

拆分：pre—……前的；view—视力

记忆方法：他用视力往前面的水晶球看，预测到了
     view   pre   preview
明天会发生的事情。

biography /baɪˈɒɡrəfi/ *n.* 传记，传记作品

拆分：bio—生命；graphy—写、图；y—表示有……的

记忆方法：用来 写 生命历程的事物叫传记。

　　　　　graphy　bio　　　　　biography

retell /ˌriːˈtel/ *v.* 复述

拆分：re—重新；tell—告诉

记忆方法：他复述了通知，重新告诉了朋友。

　　　　　rell　　　　　re tell

distract /dɪˈstrækt/ *v.* 分散，分心

拆分：dis—分开，分离；tract—拖，拉

记忆方法：他要拉着弟弟离开书桌去外面玩，分散

　　　　　tract　　　dis　　　　　distract

了他的注意力。

extract /ˈekstrækt , ɪkˈstrækt/ *v.* 提取，提炼

拆分：ex—出，出去；tract—拖，拉

记忆方法：提炼就是把精华从物质中拖拉 出去。

　　　　　extract　　　　　tract　ex

agriculture /ˈæɡrɪkʌltʃər/ n. 农业

拆分：agri—词根，表田地，与农业相关；culture—n. 文化

记忆方法：田地 + 文化 = 农业

agri + culture = agriculture

aquarium /əˈkweriəm/ n. 水族馆；养鱼缸

拆分：aqua—词根，水；rium—后缀，表地方

记忆方法：有很多水的地方，就是水族馆。

aqua+rium　　aquarium

bilingual /ˌbaɪˈlɪŋɡwəl/ adj. 双语的；能说两种语言的

拆分：bi—词根，两个；lingual—adj. 语言的

记忆方法：两种 + 语言的 = 双语的

bi + lingual = bilingual

biology /baɪˈɑːlədʒi/ n. 生物学；生理

拆分：bio—词根，生物；logy—词根，学科

记忆方法：生物 + 学科 = 生物学

bio + logy = biology

ecosystem /ˈiːkoʊsɪstəm/ n. 生态系统

拆分：eco—词根，表生命；system—n. 系统

记忆方法：生命 + 系统 = 生态系统

eco + system = ecosystem

encourage /ɪnˈkɜːrɪdʒ/ v. 鼓励；鼓动；促进

拆分：en—词根，表使……；courage—n. 勇气

记忆方法：使 + 有勇气 = 鼓励

en + courage = encourage

precede / prɪˈsiːd/ v. 在……前面；处于之前；领先

拆分：pre—前缀，提前；cede—词根，走

记忆方法：他走在前面 → 在……前面

cede + pre = precede

rectangle /ˈrektæŋgl/ n. 长方形，矩形

拆分：rect—词根，表直；angle—n. 角

记忆方法：长方形有四个直角。

rectangle   rect angle

telephone /ˈtelɪfoʊn/ n. 电话

v. 给……打电话

拆分：tele—表远程，引申为电；phone—n. 电话

记忆方法：电 + 电话 → 电话

tele + phone = telephone

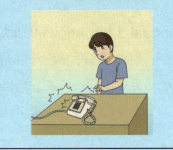

2. 词根词缀法总结

词根词缀法可以大量扩充词汇量，同时了解单词的来源，是一般教学比较推荐的方法。但是，这种方法也有两个比较明显的缺点：一是词根词缀数量多，难记忆，所以很多同学学起来很困难；二是在实际学习单词时也需要引申词根词缀的意思，解释有时候会勉强。前者可以通过记忆法来解决问题，将词根词缀进行编码，后者可以利用配对联想法来加强联结。

二、综合法

综合记忆法，顾名思义是根据自己记忆单词的实际需要，将上面讲解到的各种方法灵活运用，以实现快速记忆单词的目的。

比如：pant /pænt/ v. 气喘，喘息

拆分：p—爬；ant—n. 蚂蚁

记忆方法：爬了很久的蚂蚁 气喘吁吁。

　　　　　　p 　 ant pant

解析：这里利用了拼音法和熟词法。

1. 综合法示例

chain /tʃeɪn/ n.链条

拆分：cha—"插"；in—进入

记忆方法：链条 插 进木板。

　　　　　chain cha in

leisure /li:ʒər/ n.空闲；休闲

拆分：lei—"累"；sure—当然

记忆方法：累了当然要享受闲暇。

　　　　　lei sure leisure

consternation /kɒnstə'neɪʃn/ n.恐怖

拆分：conster—"砍死他"；nation—国家、民族

记忆方法：到处在喊砍死他的国家，充满恐怖。

　　　　　conster nation consternation

battalion /bə'tæliən/ n.（军队的）营；队伍

拆分：bat—n.蝙蝠；ta—"踏"；lion—n.狮子

记忆方法：蝙蝠踏过狮子的军营。

　　　　　bat ta lion battalion

scoop /sku:p/ n.勺；铲子

拆分：sc—赛车；oo—戴眼镜的人；p—像勺子

记忆方法：赛车上下来戴眼镜的人，手上拿着p形状的勺子。

　　　　　sc 　　oo 　　　　p

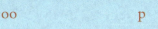

ruminant /ˈruːmɪnənt/ n. 反刍动物

拆分：ru—"入"；min—最小；ant—n. 蚂蚁

记忆方法：反刍动物吃东西的时候吃入了一只小蚂蚁。

　　　　　ruminant　　　　　　　ru　min ant

basket /ˈbæskɪt/ n. 篮子；筐

拆分：b—爸爸；ask—v. 问；et—外星人

记忆方法：爸爸问外星人要篮子。

　　　　　b　ask　et　basket

business /ˈbɪznəs/ n. 商业；企业；生意

拆分：bus—n. 巴士；in—里面；e—"鹅"；ss—双头蛇

记忆方法：巴士里面鹅和双头蛇在谈生意。

　　　　bus in e　　　ss　business

schedule /ˈskedʒuːl/ n. 工作计划；日程安排

拆分：s—美女；che—"车"；dule——"堵了"

记忆方法：美女开车堵了，耽误了工作计划。

　　　　s　che du le　　　　schedule

bamboo /bæmˈbuː/ n. 竹子

拆分：ba—"爸"；m—麦当劳；boo—形似 600

记忆方法：熊猫爸爸在麦当劳店外吃了 600 棵竹子。

　　　　ba　　　m　　　　　boo bamboo

bride /braɪd/ n. 新娘

拆分：b—"不"；ride—v. 骑马，骑

记忆方法：新娘不喜欢骑马。

　　　　　bride b　　　ride

chemistry /ˈkemɪstri/ *n.* 化学；化学组成；（两人之间）吸引

拆分：che——"车"；mis——形似 miss，小姐；try——尝试

记忆方法：车里的小姐 尝试学化学。

che mis（s）try chemistry

detail /ˈdiːteɪl/ *n.* 细节；详情；支队

v. 详述；派遣；彻底清洗

拆分：de——"得"；tail——*n.* 尾巴

记忆方法：得到一条尾巴，具体细节不能说。

de tail detail

dumb /dʌm/ *adj.* 哑的；愚蠢的

拆分：db 形似左右耳朵；um——嗯

记忆方法：哑的人只会说嗯，用左右耳听。

dumb um db

epic /ˈepɪk/ *n.* 史诗；叙事诗；壮举

adj. 史诗般的；宏大的

拆分：e——"鹅"；pic——联想到 picture 照片

记忆方法：鹅给这部史诗拍了张照片。

e epic pic

fatigue /fəˈtiːg/ *n.* 疲劳；厌倦；军服

拆分：fat——*adj.* 肥的；tigue——谐音"体格"

记忆方法：肥胖的体格容易疲劳。

fat tigue fatigue

freelance /ˈfriːlæns/ *adj.* 特约的；自由职业的

v. 从事自由职业

拆分：free——*adj.* 自由的；lance——拼音像"缆车"

记忆方法：我是从事自由职业的，可以天天自由坐缆车。

freelance free lance

penguin /ˈpeŋgwɪn/ *n.* 企鹅

拆分：pen—*n.* 钢笔；gui—"规"；n—像门

记忆方法：企鹅拿着钢笔和圆规，从门口进来。

penguin pen gui n

sulfur /ˈsʌlfər/ *n.* 硫黄

拆分：sul—"塑料"；fur—*n.* 毛皮

记忆方法：塑料瓶里的硫黄洒在毛皮上了。

sul sulfur fur

2. 综合法总结

在英语的不同学习阶段，不同的学习环境，对于不同难度的英语单词，我们应当灵活选择适合自己的记忆方法，记住比用什么方法记忆更重要。这就是综合法的精髓和意义，也是本书希望传达给大家的一种思考方式。

三、最强大脑高效单词记忆法——想象和记忆策略

1. 什么时候使用单词记忆法

很多人会纠结"什么时候使用单词记忆法？是不是每个单词都要采用记忆法来记忆？"从记忆原理上，每个单词都可以通过拆分的方法来进行记忆。然而，当运用重复记忆的方式（俗称死记硬背），或者拼读法能够轻松记住的话，也不需要刻意去使用拆分的方法。而如果重复和拼读不奏效时，使用拆分联想进行记忆就是一个好的选择。

2. 如何记忆一词多义

一词多义通常包含以下几种情况：

（1）单词有多个意思，但每个词义所表达的内涵几乎是一样的。

如：mild *adj.* 温和的；淡味的；文雅的

（2）单词有多个意思，不同词义之间有着内在的逻辑关系。

如：agent *n.* 代理人，代理商；经纪人；特工；官员；施动者；原动力

（3）单词有多个意思，不同词义之间没有关联。

如：board *n.* 木板；董事会；膳食；*v.* 上（飞机、车、船等）；寄宿

本着"不同情况不同处理"的原则，我们针对上述三种情况给出了我们的记忆策略供大家参考：

一词多义的记忆策略

单词有多个意思，但每个词义表达的内涵几乎是一样的	单词有多个意思，不同词义间有着内在的逻辑关系	单词有多个意思，不同词义间没有关联	
记住其中一个较容易或常用的词义，其他词义可以推断出来	通过逻辑联想进行记忆 / 通过直接串联法调整词义顺序后串联记忆	先记住最常见意思，再串联记忆	通过直接串联法调整词义顺序后串联记忆

3. 如何记忆词组短语

词组短语、固定搭配等也是英语记忆中的重点，相当于单个单词记忆的"升级版"，我们可以先将词组短语的每部分分离，然后和短语意思进行联想记忆，也可以利用"场景法"来记忆。

比如，out 这个单词构成的词组短语有以下这些：

come out　出来

go out　出去，熄灭

get out　出去，离开

set out　出发，开始

start out　出发，动身

walk out　走出

look out 留神，当心

put out 扑灭，生产

give out 发出，发表

hand out 分发

pick out 挑选

find out 找出，发现

speak out 大声地说

turn out 生产，打扫

work out 计算出，解决，实行得通

bring out 出版

carry out 实现，执行

我们可以用一个"故事"来将每一个词组短语串联起来，例如"我从房间 come out，想 go out，get out 这个家，准备完毕后我 start out……"尝试把这个故事想象下去，你会发现整理记忆是一种高效的记忆管理办法。

4. 如何大量记单词

在英语学习过程中，我们要面临另外一个巨大的问题——需要记忆大量单词，单个单词也许可以用记忆法灵活掌握，但是当数量变多，事情变得棘手起来，有可能会忘记昨天或者前天记忆的单词，这样会使记忆大量单词的目标难以实现。

原则上，我们通过记忆方法已经让单词的记忆比一般的"死记硬背"深刻许多，但是依然要遵循人类记忆的基本规律，即"遗忘曲线"。所以我们需要对记忆的单词进行科学复习。

（1）艾宾浩斯遗忘曲线记录表

时间间隔	刚刚记忆完毕	20分钟后	1小时后	8-9小时后	1天后	2天后	6天后	1个月后
记忆量	100.0%	58.2%	44.2%	35.8%	33.7%	27.8%	25.4%	21.1%

由此表可看出，刚背完新单词时最容易遗忘，一定要及时复习，这甚至比记忆新单词更重要。具体的复习方式可以参考第一天的的内容。

（2）循环记忆策略使用步骤：

1. 将要背诵的单词进行分组，每组数量根据个人记忆水平确定。

2. 假设单词分组为六组，每组 20 个，可以在第一组记忆完成后马上复习一次，第二组记忆完成后马上复习第二组，第三组记忆完成后马上复习第三组，然后将 1、2、3 组整体复习一次，第四组记忆完成后马上复习第四组，第五组记忆完成后马上复习第五组，第六组记忆完成后马上复习第六组，然后将 4、5、6 组整体复习一次，最后 1 到 6 组整体复习几次。

3. 可以在记忆完成的第 3 天、7 天、15 天和 1 个月后分别再复习一次。

第 18 天

数字编码法及应用

一、数字记忆思路分析

数字的用途十分广泛，可以说我们每天都生活在各种各样的数字当中。数字也有很多的用途，比如：表示顺序（名次、年份、排队号等），表示编号（电话号码、身份证号、车牌号、银行卡号、邮编等），表示大小（数量、温度、密度、重量等），表示常量（圆周率、阿伏伽德罗常数、重力加速度等）。

数字这么有用，但是记忆起来却很有难度，其原因在于数字记忆有几大难点：

（1）数字很多。14159265358979323846，这看起来短短的一串数字其实有 20 个，数字经常会以"非常长的姿态"出现在我们面前，因此很难记。

（2）数字抽象。数字本身是从逻辑中抽象出来表征世界的，它不是具象的事物，是抽象的符号，抽象的东西记忆起来更有难度。

（3）数字的相似性。如果在一串数字中出现相似的组合（比如 56、65），就很容易记混淆，造成难以记忆。

那么，如何记忆数字呢？

在之前的讲解中，我们谈到数字可以通过"音形义"的方式进行转化，再结合我们学习的"配对联想法"和"串联记忆法"进行记忆。我们在记忆文章的时候，讲到了长篇文章要"分段记忆"，这对于我们记忆"长段数据"也有参考意义。这是很好的"复用记忆方法"的思路，即在探索记忆新类型的知识或者信息时复用之前学习的记忆方法。

因此，我们可以总结记忆数字的思路：

（1）对于短数据，通过"音形义"的方式将其转化为有意义的图像来记忆；

（2）对于长数据，先分段，然后通过"音形义"的方式转化为图像来串联记忆。

二、记忆示例

1. 短数据记忆示例：记忆"唐宋元明清的建立时间"

唐—公元 618 年 分析：618 可以转化为"留一把"（音）"京东购物节"（义），"唐"可以谐音为"糖"。 联想："留一把糖"或者"京东购物节买了很多糖"。	
宋—公元 960 年 分析："宋"可以谐音为"松（松树）"，或者通过指代转化为"岳飞"，960 可以谐音转化为"酒楼里"。 联想："松树种在酒楼里"或者"岳飞在酒楼里"。	
元—公元 1271 年 分析："元"可以联想为"圆（圆形、圆盘等）"，12 可以联想为"婴儿""一饿"（音），71 可以联想为"奇异（奇异果）"（音）"起义"（音）。 联想："婴儿去拿圆盘里的奇异果"或者"婴儿拿着圆盘起义"或者"元朝农民一饿就起义了。"	

明—公元 1368 年	
分析："明"通过指代转化为"朱元璋"，1368 可以谐音为"一身留疤"。 联想：朱元璋建立明朝经过许多斗争，留下一身疤痕。	
清—公元 1636 年	
分析："清"通过指代转化为"清宫剧"，16 和 36 分别谐音为"一流、三流"。 联想：一个一流的演员和一个三流的演员在演清宫剧。	

2. 长数据记忆示例

记忆这段数字：2 6 4 3 3 8 3 2 7 9 5 0 2 8 8 4 1 9 7 1

分析：按照思路，先分段再联想。

（1）26433：河流（谐音 26）旁站着石珊珊（谐音 433），想象"人物戴着石头珊瑚的饰品"来提示名字。

（2）83279：爬山（谐音 83）带着两个气球（谐音 279）。

（3）50288：武林（谐音 50）高手打得

她喊了两声爸爸（谐音288）。

（4）41971：司仪（谐音41）就发动了起义（谐音971）。

联想：河流旁站着石珊珊，她爬山带着两个气球，路上被武林高手打得喊了两声爸爸，做司仪的爸爸立马就发动了起义。

试一试，你记住了吗？

当然，我们还可以换一种方式来记忆，将两个数字分为一段，然后将其进行转化，最后采用串联法进行记忆：

26—河流（谐音）　　43—死神（谐音）　　38—妇女（意义）

32—扇儿（谐音）　　79—气球（谐音）　　50—五环（形状）

28—恶霸（谐音）　　84—巴士（谐音）　　19—药酒（谐音）

71—鸡翼（谐音）

接下来我们可以采用动作串联法，联想成：

河流飘来了死神，死神用镰刀砍向妇女，妇女用扇儿进行反击，扇儿扇飞了气球，气球带飞了五环，五环套住了恶霸，恶霸击打巴士，巴士撞到了药酒瓶，药酒里面泡着的鸡翼飞了出来。

第二种方法看起来复杂一些，但是我们却可以从中发现一些新的思路：如果将数字用这种形式来表示，我们似乎可以"复用"这些形象转换，以后遇到数字就进行类似的拆分，然后就可以记忆各种各样长串的数字，这就是"数字编码"的概念。而且在经过练习之后，如果大脑能快速反应图像，效率会提高很多。世界记忆大师的考核标准之一是1小时要准确记忆1400个数字，大部分的记忆大师都是通过将两位数字进行编码的方式来记忆的。

三、数字编码

1.数字编码的概念

编码的概念最初来自计算机学科，指用预先规定的方法将文字、数字或其他对象编成数码，或将信息、数据转换成规定的电脉冲信号的过程。

数字编码借用这个概念范畴，指预先用方法将数字变成固定的图像的过程。当数字转化成编码后，就能够对于具有特定特征（包含这些编码）的记忆资料进行强化训练，从而实现快速、精准地记忆。具体来说：

（1）记得快，记得牢：编码固定后，通过训练，可以有非常高的熟练度，看到这种信息能够秒级反应，而且因为回忆时图像固定，干扰会更少；

（2）可重复使用：编码作为一种通用的记忆技巧，可以用来记忆大量的材料或项目；

（3）可练习，速度可以持续提升：如果我们将"记忆"拆解，会发现其包括一系列小环节，这些环节可以通过不断地进行专业练习，实现提升效果、速率、精准度的要求。

事实上，数字编码可以大幅度提升记忆数字的能力。1929年，《美国心理学期刊》指出两名宾夕法尼亚大学的学生通过4个月的机械记忆训练，5分钟可以分别记忆13个和15个数字；而在1992年，卡耐基梅隆大学学生史蒂夫经过2年多的故事记忆法训练，5分钟可以记忆82个随机的数字；而在2019年，朝鲜大学生RYU SONG I经过5个月的数字编码结合记忆宫殿法训练，5分钟可以记忆547个随机数字。人类的记忆能力在经过科学方法的训练和加持下，远超我们的想象。

数字编码体现了"编码思维"，在我们记忆其他类型信息的时候，可以"复用"这种思维，采用编码的方式将记忆信息进行整理、固化，从而辅助我们的工作、学习和生活。

2. 创建自己的数字编码体系

数字编码具有这么好的效果，那么如何创建自己的数字编码体系呢？

首先我们要分析以何种方式来划分数字。常见的有三种：

（1）一位编码，即以一个数字为一个编码，那么整体的数字编码数量为"0—9"，总计10个。

（2）二位编码，即以两个数字为一个编码，那么整体的数字编码数量（加上一位编码），总计110个。

（3）三位编码，即以三个数字为一个编码，那么整体的数字编码数量（加上一位、二位编码），总计1110个。

三种编码的方式都是可以的，也都有人在使用对应的体系。但对于普通人来说，一位数字编码在实际记忆过程中重复次数太多、容易混淆，三位数字编码建立体系难度很大、熟悉周期长，因此我们建议同学们采用"二位编码"。

接下来我们正式进入编码的创建过程。

建立数字编码的第一步是"建立转化形象"。比如数字"69"，我们可以很容易想到用之前学习过的"音形义"的方式进行转化。通过音可以想象"六角、牛角、驴胶、绿胶"，通过形可以想到"太极图"，通过义可以联想"69 式坦克、69 路公交车"。

第二步是"确定转化形象"，这么多形象当中，我们可以按照一定的规则来确定到底选择哪一个。一般对于形象的要求有：

（1）要有特点。相对于"一只普通的老鼠"，"米老鼠"会对我们造成更多维度的记忆冲击，这就是特点带来的效果，它可以让我们记忆更深刻。

（2）大小适中。比如"一栋高楼""一粒米粒"，它们很难在脑海中与其他物体发生联系，会导致其他物体的比例出现失调，造成记忆上的不舒服，从而记不住。解决办法是将它们想象成模型，从而心理上就能接受"大的变小了""小的变大了"。

（3）尽量不要选择黑色、灰色的形象。我们可以试着在脑海中出图，你会发现大脑空间中的背景板大多是"灰色、黑色"，因此选用这样的形象很容易就和背景板融合，造成视觉残留时间减少，不利于深刻记忆。

值得一提的是，一个编码可以有两种形象。这通常适用于高阶的记忆训练者，他们为了让记忆的过程更加快速流畅，会对编码之间的连接做更加细致的处理。如果大家以后有兴趣学习"竞技记忆"，可以再深入了解。

创建完编码后，我们需要对编码进行充分的熟悉和训练，这样才能更好更快地掌握编码，从而为数字记忆打好坚实的基础。一个非常有用的编码训练方法叫"闪视训练"，即通过看数字快速在脑海反映出对应的编码形象（或者反向操作），最开始的闪视间隔可能是 5 秒一个，逐渐提升到 1 秒一个左右就说明非常熟悉了。

本书中我们给出数字编码的示例形象供同学们参考，大家可以根据自身的喜好，在遵守规则的前提下自己修改部分编码的形象。

数字编码参考

0/00	呼啦圈		1/01	大树	

2/02	鹅		3/03	弹簧	
4/04	帆船		5/05	钩子	
6/06	勺子		7/07	镰刀	
8/08	眼镜		9/09	喷头	
10	棒球		11	筷子	
12	椅儿		13	医生	
14	钥匙		15	鹦鹉	
16	石榴		17	仪器	
18	腰包		19	药酒	

20	香烟		21	鳄鱼	
22	双胞胎		23	耳塞	
24	时钟		25	二胡	
26	河流		27	耳机	
28	恶霸		29	饿囚	
30	三轮车		31	鲨鱼	
32	扇儿		33	闪闪的钻石	
34	三丝		35	珊瑚	
36	山鹿		37	山鸡	

38	妇女		39	三角板	
40	司令		41	死鱼	
42	柿儿		43	死神	
44	嘶嘶的蛇		45	师傅	
46	饲料		47	司机	
48	石板		49	湿狗	
50	五环		51	劳动节	
52	鼓儿		53	乌纱帽	
54	巫师		55	呜呜的火车	

56	蜗牛		57	武器	
58	尾巴		59	五角红星	
60	榴莲		61	儿童节	
62	牛儿		63	流沙	
64	螺丝		65	尿壶	
66	蝌蚪		67	油漆	
68	喇叭		69	太极图	
70	麒麟		71	鸡翼	
72	企鹅		73	奇山	

74	骑士		75	西服	
76	汽油		77	机器人	
78	青蛙		79	气球	
80	巴黎铁塔		81	白蚁	
82	靶儿		83	花生	
84	巴士		85	宝物	
86	八路军		87	白旗	
88	爸爸		89	芭蕉扇	
90	酒瓶		91	球衣	

92	球儿		93	救生圈	
94	首饰		95	酒壶	
96	旧炉		97	酒旗	
98	球拍		99	玫瑰花	

通过对上述的参考数字编码进行统计，我们可以得到下表：

数字编码的音、形、义统计

00	01	02	03	04	05	06	07	08	09
10	11	12	13	14	15	16	17	18	19
20	21	22	23	24	25	26	27	28	29
30	31	32	33	34	35	36	37	38	39
40	41	42	43	44	45	46	47	48	49
50	51	52	53	54	55	56	57	58	59
60	61	62	63	64	65	66	67	68	69
70	71	72	73	74	75	76	77	78	79
80	81	82	83	84	85	86	87	88	89
90	91	92	93	94	95	96	97	98	99

谐音 ■ 　　象形 ■ 　　意义 ■

可以看出：谐音法是我们创建数字编码最常用的方式，大家一定要学会使用。

第19天
重要数据记忆方法

一、数字编码的应用

数字编码的应用范围很广，不仅适合于短数据记忆，也适合于长数据记忆。比如：

（1）历史年代、日期、学科数据、考证数据、生活数据等；

（2）电话号码、圆周率、长段的统计数据等；

（3）大量零散信息、长古诗、长文章、书籍等；

（4）扑克、麻将、二进制、颜色、其他脑力挑战等。

更进一步，其可以作为记忆宫殿来使用从而记忆大量信息，如果进一步强化，还可以用于挑战记忆锦标赛的高难度项目。

二、数据记忆示例

1. 记忆节日日期

3月15日：消费者权益保障日
分析：15的数字编码是"鹦鹉"，也可以灵活编码为"衣物"。 联想："三只鹦鹉帮消费者维权"或者"衣物散掉了，质量太差，所以去维权"。

4 月 22 日：世界地球日	
分析：4 的数字编码是"帆船"，22 的数字编码是"双胞胎"。 联想：帆船载着双胞胎去环游世界。	
5 月 12 日：国际护士节	
分析：12 的数字编码是"婴儿"或者"椅儿"，5 可以转化为"捂"（音）或"手掌"（形）。 联想："护士捂着一个婴儿"或者"护士用手掌拿来一把椅儿"。	
6 月 20 日：世界难民日	
分析：20 的数字编码是"香烟"，6 可以谐音为"绿"，或者想到"666"。 联想："难民饿得脸都绿了还在抽香烟"或者"给难民发香烟，这操作 666"。	

7 月 7 日：全民族抗战爆发纪念日 分析：7 的数字编码是"镰刀"。 联想：抗日战争爆发，民众拿着两把镰刀抗日。	
8 月 15 日：日本无条件投降日 分析：15 的数字编码是"鹦鹉"，8 可以谐音为"白"。 联想：日本兵举着一只白色鹦鹉投降。	
9 月 18 日：国耻日 分析：18 的数字编码是"腰包"，9 可以谐音为"旧"。 联想：旧腰包都被抢走了，太耻辱了。	

2. 记忆历史年代

1894 年：甲午中日战争爆发，兴中会成立 分析：18 的数字编码是"腰包"，94 的数字编码是"首饰"。 联想：甲午中日战争中国战败，爱国人士掏空了腰包和变卖了首饰，成立了兴中会。	
105 年：蔡伦改进造纸术 分析：105 可以灵活编码为"要领悟"。 联想：蔡伦要领悟造纸术的精髓。	
184 年：张角领导黄巾起义 分析：184 可以灵活编码为"要罢市"。 联想：张角带领民众缠着黄色头巾要罢市。	

208 年：赤壁之战	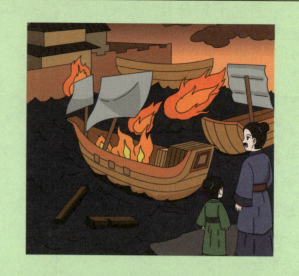
分析：2 可以谐音为"儿"，8 可以谐音为"爸"。 联想：儿子领着爸爸去看赤壁之战的古战场。	

1662 年：郑成功收复台湾	
分析：16 可以谐音为"一路"，62 可以谐音为"牛儿"。 联想：士兵一路赶着牛儿支援郑成功去收复台湾。	

1689 年：中俄签订《尼布楚条约》	
分析：16 的数字编码为"石榴"，89 的数字编码是"芭蕉"，布楚可以转化为"不清楚"。 联想：用石榴汁在芭蕉叶上签的条约，过了一段时间就看不清楚了。	

1839 年：林则徐虎门销烟

分析：18 的数字编码为"腰包"，39 的数字编码是"三角形"。

联想：林则徐很清廉，自掏腰包在三角形的山顶上销烟。

1951 年：西藏和平解放

分析：19 的数字编码为"药酒"，51 的数字编码是"劳动节（工人）"。

联想：和平解放西藏的时候每个工人都有条件获得药酒。

1955 年：万隆会议召开

分析：19 的数字编码是"药酒"，55 的数字编码是"火车"。

联想：一万只恐龙坐在火车里喝药酒。

1799 年：拿破仑发动"雾月政变"	
分析：17 的数字编码是"仪器"，99 的数字编码是"99 朵玫瑰"。 联想：拿破仑用仪器把 99 朵玫瑰进行了处理，生成了很多的雾，把月亮都遮起来了。	

在记忆历史年代时，我们可以选用之前学习的"谐音法""串联法""数字编码法"等灵活记忆。

3. 记忆电话号码、身份证号、银行卡号

虽然随着智能手机的发展，我们可以通过科技的方式来保存这些信息，在使用时随时调用，但是在一些特殊情境下，记住这些信息会给我们带来意想不到的便利。

在记忆这些带有"表征身份信息"的长数据时，不用死板地直接采用数字编码法来记忆，可以先寻找是否有简化信息的规律，然后再综合利用多种转化方式将信息转变为各种形象，再利用串联、配对等创建联系，最终形成牢固记忆。

那么，如何寻找规律呢？

比如记忆"844—75342"这种类型的多个号码，如果短号都是 844 开头，那么就可以简化掉这个 844（只需要单独强化一下），从而简化要记忆的数量；对于"135—0125—5210"这种类型，观察到"0125"和"5210"是对称的关系，记忆就会变简单，所以对于有"对称、重复、叠加、递进"等规律的数字，可以通过规律简化记忆。

下面我们针对这种规律看看以下的示例。

〔示例 1〕电话号码：13928439055

分析：如果我们将其分组为"139—284—390—55"，可以发现前三段的开头分别是 123，这是一个很好的规律，结合数字编码法就可以很好地记忆。

联想：一身酒气，站在两辆巴士上，抱着 3 个酒瓶在呜呜地哭。

〔示例2〕电话号码：15483191758

分析：分段为"154—831—91758"，54 的数字编码是"巫师"，8 可以谐音为"白"，31 的数字编码是"鲨鱼"，91758 谐音像"就要吃尾巴"。

联想：一个巫师骑着白色的鲨鱼就要吃尾巴。

〔示例3〕电话号码：13602698153

分析：分段为"1360—269—8153"，360 可以想到"360 安全软件"或者"360°"，69 的数字编码是"太极图"，8153 谐音像"不要误删"。

联想：1 个 360° 的标志看起来就像两个太极图一样，你千万不要误删了。

〔示例4〕银行卡号：6227001765810087332

分析：可以采用数字编码法记忆，62—牛儿，27—耳机，00—望远镜，17—仪器，65—尿壶，81—白蚁，87—白旗，32—扇儿。

联想：牛儿戴着耳机，用望远镜看到远处的仪器上有一个尿壶，尿壶里钻出一堆白蚁拿着望远镜、举着白旗扇扇儿。

4. 记忆特殊数

如果你留意过互联网上讲解记忆的课程，一般会教大家用编码来记忆圆周率，这是很经典的记忆案例。

今天我们来记忆自然常数 e。e 是数学中一个常数，它是一个无限不循环小数，且为超越数，它是自然对数函数的底数。有时称它为欧拉数（Euler number），以瑞士数学家欧拉命名；也有个较鲜见的名字是纳皮尔常数，以纪念苏格兰数学家约翰·纳皮尔（John Napier）引进对数。它就像圆周率 π 和虚数单位 i，是数学中最重要的常数之一。

$$e=2.7182\ 8182\ 8459\ 0452\ 3536\ 0287\ 4713\ 52\cdots$$

我们将数字分别转化为对应的数字编码：

71—鸡翼	82—靶儿	81—白蚁	82—靶儿	84—巴士
59—五角星	04—帆船	52—鼓儿	35—珊瑚	36—山鹿
02—鹅	87—白旗	47—司机	13—医生	52—鼓儿

将上述的数字编码用一个故事串联起来，如下图：

鸡翼击中靶儿，靶儿震动掉出了很多白蚁，白蚁爬进带有靶儿标记的靴子里，被巴士司机穿着开车，司机脚疼控制失当碾到了五角星，侧翻到河里打翻了帆船，帆船上掉出来一个鼓儿，被珊瑚缠住了，珊瑚长得很像山鹿，把鹅吓了一跳，举起了白旗，风吹过白旗掉在了司机的车顶上，司机正帮医生把鼓儿搬到后备箱里。

请回忆刚才记忆的画面和场景并将自然常数 e 的前 30 位正确写出来：

_____

第20天

图形记忆

一、图形记忆思路分析

根据前面所讲的左右脑理论，图像记忆似乎很简单，然而在实际记忆过程中却经常会遇到困难，就像"脸盲""路痴"。因为进行联想记忆时的图像是脑海想象而成的，我们对此很熟悉，但实际记忆的图形会千奇百怪、各式各样。

因此，我们仍然需要对记忆图形进行转化，一般来说，转化有两种方式：

（1）整体法：即从整体上观察图形，找一个熟悉的事物来提示。

（2）局部法：当从整体中看不出来的时候，观察突出的局部特征，通过一个或多个局部特征的共同点来转化。

需要强调的是，在记忆任何图形时，需要根据记忆内容的要求灵活选择合适的方式，且需要对图形有一定的熟悉度，这样才能够用转化后的形象回忆本身要记忆的内容。

二、图形记忆示例

1. 记忆等高线地形图

分析：

这里需要记忆的是等高线地形图，地形图可以帮助我们理解等高线，但因为其相似度较高，一不留神就会记错，因此我们可以对等高线图进行转化，用图形来提示。

		山顶图的最高处会画有一个小三角形,用于表示山顶,很容易就可以想到用"山的形状"提示。
		山脊等高线向低处弯曲,形状像鱼骨,可以以此助记。
	谷	山谷等高线向高处弯曲,与"谷"字结构相似。
		整体上像马鞍的形状,对应名称"鞍部"。
		局部形状可以直接想象为"陡崖"的样子。

2. 记忆世界地区气温降水图

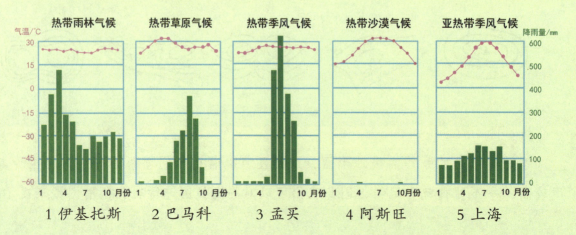

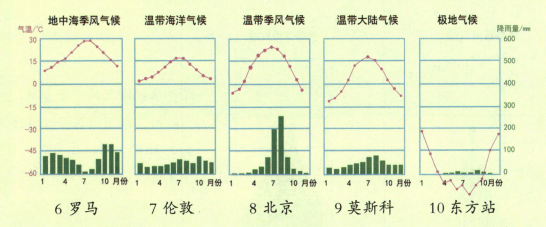

6 罗马　　　7 伦敦　　　8 北京　　　9 莫斯科　　　10 东方站

分析：首先我们区分几个带，这是根据气温来区分的。

热带：最冷月温度＞15℃

亚热带/温带海洋：最冷月温度介于0℃和15℃之间

温带和极地：最冷月温度＜15℃

可以发现15℃是界定不同温度带的重要数据，所以我们可以使用数字编码法＋故事串联法来记忆：联想"鹦鹉（对应15）在热带太热了，就飞到了亚热带，飞过了一片海（对应地中海和温带海洋），被一阵季风（对应温带季风）吹到了极地（对应极地气候）的大陆（对应温带大陆）上成为冰冻的鹦鹉"。

接下来的降雨量图我们通过将图形转化为具体的图像，达到能够快速辨认的效果。

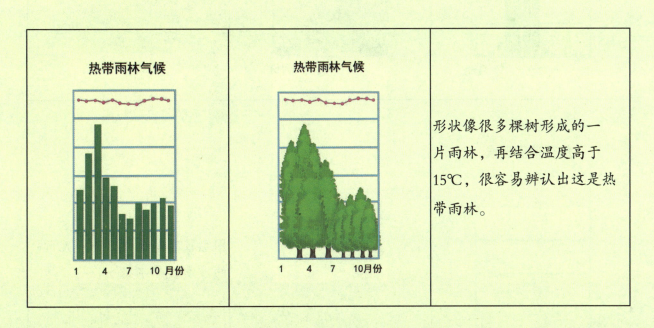

形状像很多棵树形成的一片雨林，再结合温度高于15℃，很容易辨认出这是热带雨林。

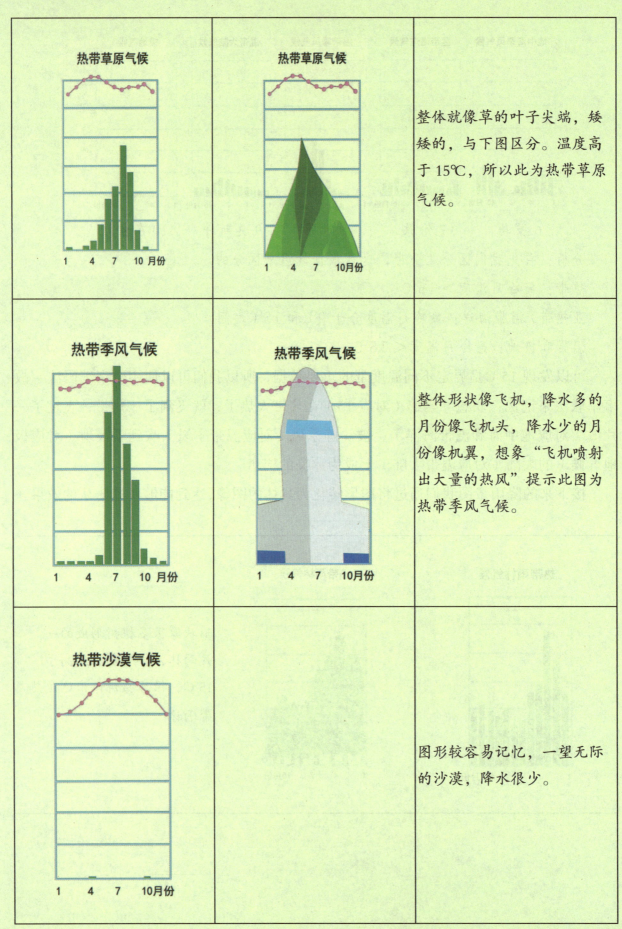

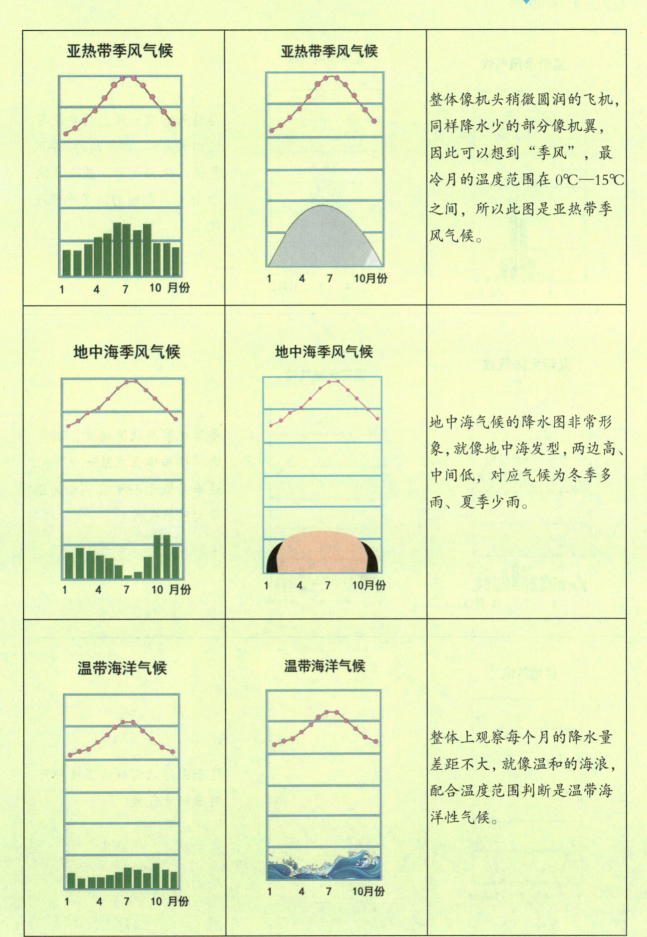

亚热带季风气候

亚热带季风气候

整体像机头稍微圆润的飞机，同样降水少的部分像机翼，因此可以想到"季风"，最冷月的温度范围在0℃—15℃之间，所以此图是亚热带季风气候。

地中海季风气候

地中海季风气候

地中海气候的降水图非常形象，就像地中海发型，两边高、中间低，对应气候为冬季多雨、夏季少雨。

温带海洋气候

温带海洋气候

整体上观察每个月的降水量差距不大，就像温和的海浪，配合温度范围判断是温带海洋性气候。

217

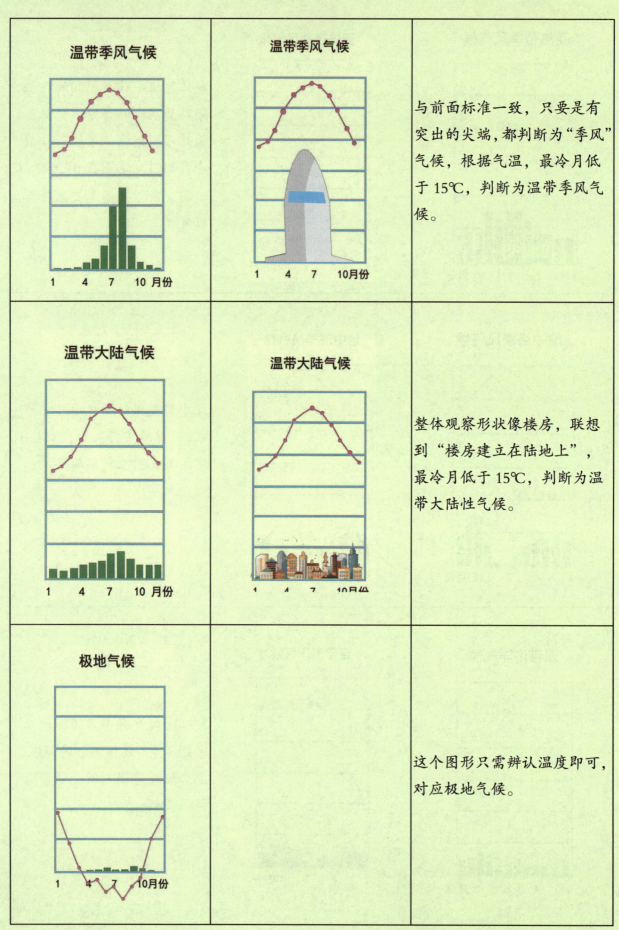

3. 记忆细胞结构图

在学科学习中，经常会出现图形，可能是地形图，也可能是构造图，还可能是实验图等，这些内容常常是由一个中心主题加多个知识点组合而成，我们可以类比为具体事物来记忆。

以植物细胞的基本结构图为例：

细胞内部结构分为：细胞壁、细胞膜、液泡、细胞质、线粒体、细胞核、叶绿体。

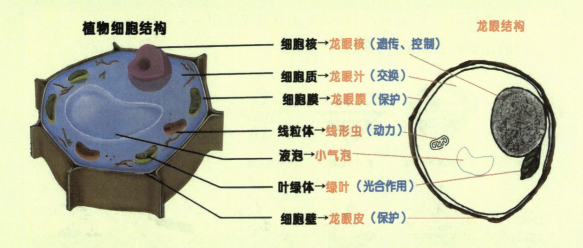

从整体上观察，细胞的内部构造图看起来像什么？发动你的大脑！是不是很像火锅？但是火锅可以煮很多东西，如果用火锅来记，彼此之间没有关联可能还会遗漏某一点。再次展开联想，从植物本身出发，很容易想到果实，那么哪一种果实跟这个结构最相似呢？我会想到荔枝或者龙眼！接下来，就是对各种内部构造进行联想和配对记忆了，按顺序从果实的最外边想起。

果皮—细胞壁—起保护作用；

皮膜—细胞膜—起保护作用；

小气泡（有时果肉里面会产生气泡）—液泡；

果肉［果肉的质量高，汁（谐音提示"质"）水多］—细胞质—起交换作用，果肉可以换钱；

线形虫（果肉里有虫）—线粒体—提供动力，可以联想虫子的动力很足；

果核—细胞核—含有遗传物质，跟果核很容易联想到一起；

绿芽叶子（果核已经发芽出叶子）—叶绿体—起光合作用，很容易就可以联想。

现在，尝试通过龙眼来回忆，从外到内，是不是每个部分都可以想起来，而且你

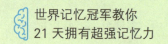

会发现，我们连每个结构的作用也记下来了。原本在生活中看不见的细胞，变成了熟悉的事物之后，就更好记了。

4. 记忆各种标识符

在工作学习中，会遇到各种各样的标识符，标识符通过图形的方式来简化要表达的内容并对生产、生活作对应的提醒，通用的标识符（比如交通标识符）还比较好记忆，但是各行各业的标识符千奇百怪，记忆起来就需要使用一定的技巧。

以下面的化学行业标识符为例：

图形中展示的是一个物体从中心四散，和爆炸的具体场景很像，利用逻辑来串联比较容易。	**爆炸物**
一个瓶子的造型，没有红色的火焰，想象里面装的是二氧化碳，不可燃，非毒性。	**不可燃非毒性气体**

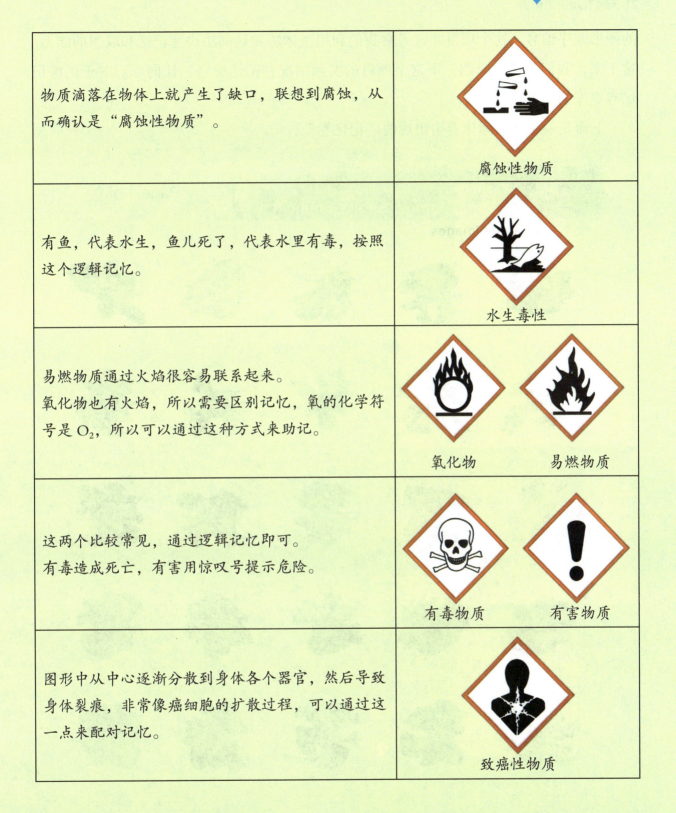

物质滴落在物体上就产生了缺口，联想到腐蚀，从而确认是"腐蚀性物质"。	腐蚀性物质
有鱼，代表水生，鱼儿死了，代表水里有毒，按照这个逻辑记忆。	水生毒性
易燃物质通过火焰很容易联系起来。 氧化物也有火焰，所以需要区别记忆，氧的化学符号是 O_2，所以可以通过这种方式来助记。	氧化物　易燃物质
这两个比较常见，通过逻辑记忆即可。 有毒造成死亡，有害用惊叹号提示危险。	有毒物质　有害物质
图形中从中心逐渐分散到身体各个器官，然后导致身体裂痕，非常像癌细胞的扩散过程，可以通过这一点来配对记忆。	致癌性物质

5. 进阶：记忆抽象图形

在世界记忆锦标赛的项目中，有一项专门考察图形记忆的项目：抽象图形。参赛选手需要记住一系列抽象图形中每一行的顺序，并在乱序的答卷上正确地写出每一行的图形顺序编号。这个项目非常考察我们利用整体法和局部法快速记忆和联想的能力。接下来，我们简要地介绍一下这个项目的实际情况和记忆思路，让同学们对于图像记忆有更深的了解。

下面是一张在实际比赛中出现的"记忆卷"：

　　初看到这样的试卷，一般人会无从下手，但是通过细致地观察，我们依然可以利用前面讲过的方法来记忆。以第一排为例：

采用整体轮廓观察法，中间突起部分像一只小猫侧坐着，下面像一本打开的书本，转化为"小猫坐在书本上"的形象。

采用整体轮廓观察法，上方拱起部分成椭圆形，联想到乌龟壳，下方条状结构联想到水草的形状，组合起来可转化为"乌龟趴在水草上面"。

采用整体轮廓观察法，中间部分呈圆柱形，加之右侧有一尖锐突出，容易联想到树干，左侧部分可以想象为树叶。

采用整体纹理观察法，整体纹路很像鞋底踩出来的脚印，因此可以用"鞋印"来表征这类图形。

采用局部纹理观察法，内部的黑色纹理下方部分像一个小妖怪，上方部分则可以联想为瘴气。

接下来，我们可以将上述这些图像进行串联，参考如下：

小猫去逗水草上的乌龟玩，把乌龟吓得躲到了树干后，发现树干旁的地上有一排排脚印，脚印的最后面站着一个小妖怪，来势汹汹。

现在，尝试对下面的图片进行排序。

_____　_____　_____　_____　_____

第21天

记忆法趣味运用

在前面的 20 天中，我们进行了大量的练习，相信现在的你已经接近训练的"顶峰"了。在最后一天，我们为大家准备了趣味挑战项目，你可以尽情发挥你的想象力，运用前面学习到的多种方法进行记忆，感受记忆法的乐趣。

一、记忆我国的 56 个民族

中国自古以来是一个多民族国家。中华人民共和国成立后，经中央政府调查统计正式确认的民族共有 56 个。但是有多少人知道是哪 56 个民族呢？一般来说，普通人能说出 7、8 个，多的可以说出一二十个，但是能完整地记住并说出这 56 个民族的人就寥寥无几了。接下来我们采用"记忆宫殿法"来挑战"56 个民族"的记忆。

首先，让我们熟悉一下到底有哪些民族：

蒙古族	仫（mù）佬（lǎo）族	满族	汉族
白族	哈萨克族	独龙族	怒族
哈尼族	维吾尔族	达斡（wò）尔族	柯尔克孜（zī）族
藏族	土族	土家族	瑶族
布朗族	鄂温克族	赫（hè）哲族	水族
阿昌族	德昂族	锡伯族	京族
仡（gē）佬（lǎo）族	朝鲜族	布依族	黎族
彝（yí）族	傣（dǎi）族	裕（yù）固族	撒拉族
纳西族	门巴族	东乡族	拉祜（hù）族
俄罗斯族	羌（qiāng）族	回族	普米族

塔塔尔族	乌孜（zī）别克族	珞巴族	景颇（pō）族
基诺族	侗（dòng）族	塔吉克族	佤（wǎ）族
壮族	毛南族	保安族	畲（shē）族
高山族	傈（lì）傈（sù）族	苗族	鄂（è）伦春族

很多民族我们不仅没听过，甚至都不容易读正确，看到这样的记忆材料，要怎么记忆呢？

第一步：化繁为简。对于复杂的内容我们要把它简化，简化的方法包括"关键词法""分段法""整体局部法"等。对于"56 民族记忆"，因为每个民族的名称很短，不需要使用"关键词法"，但是我们可以发现并列的内容很多，因此比较适合采用"分段法"。

第二步：对于 56 这个数字，2 个划分为 1 组太少，7、8 个为一组又太长，所以这次我们可以采用 4 个民族为一组，当然，你也可以按照自己意愿分组，依据前文介绍的"魔力之七"理论，尽量每组在 7 个以内较好。

第三步：在确定分组之后，应该怎么记忆每一组呢？回想前面介绍的"记忆宫殿法"，如果我们为每一组挂"一个钩子"或者放"一个桩子"，让记忆的内容与"钩子/桩子"相关联，然后因为这些"钩子/桩子"是我们熟悉的且有顺序的，是不是就更容易记忆和回忆呢？接下来我们将采用身体记忆宫殿法来完成这一次挑战。

人类的身体由很多的部位构成，这些部位可以根据功能或者位置进行有顺序的分类。我们比较容易想到的身体部位按照从上到下的顺序有：

头发—头顶—睫毛—眼睛—耳朵—鼻子—嘴巴—下巴—脖子—肩膀—手肘—手掌—肚子—屁股—大腿—膝盖—小腿—双脚

总计 18 个，用来完成日常的"清单记忆""任务记忆"绰绰有余了。

第四步：确认"桩子"。56 个民族，以 4 个为一组，总计为 14 组，因此只需要从上面 18 个中筛选 14 个即可：

头发—眼睛—耳朵—鼻子—嘴巴—脖子—肩膀—手肘—手掌—肚子—屁股—膝盖—小腿—双脚

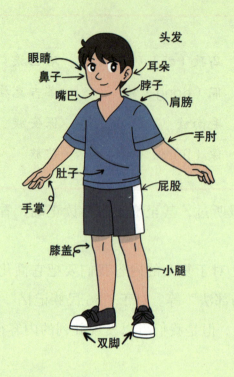

头发

眼睛

鼻子

嘴巴

耳朵

脖子

肩膀

手肘

肚子

屁股

手掌

膝盖

小腿

双脚

第五步：分组联想记忆

第1组：蒙古族、仫（mù）佬（lǎo）族、满族、汉族（头发）	
分析：头发和"汗（汉）"很容易联系起来，为什么有汗，可以和"蒙古"等联系起来。 联想：汗水沾满头发，因为有个蒙古包包着木头脑袋。	
第二组：白族、哈萨克族、独龙族、怒族（眼睛）	
分析：白和眼可以组合成"翻白眼"，翻白眼和怒可以联系，独龙可以转化为"独眼龙"，哈萨克可以谐音联想到"萨克斯"。 联想：翻白眼，被萨克斯打成了独眼龙，很愤怒。	

第三组：哈尼族、维吾尔族、达斡（wò）尔族、柯尔克孜（zī）族（耳朵）

分析：哈尼容易想到英文"honey"，维吾尔可以谐音为"捂我耳"，达斡尔可以谐音为"打我耳"，克孜可以谐音为"克制"。

联想：他在耳边大声喊"honey，honey"，吓得我用手捂我耳朵，结果他打我耳光，可我克制了自己。

第四组：藏族、土族、土家族、瑶族（鼻子）

分析：鼻子里面经常有脏东西，可以与土联系起来。

联想：鼻子里藏了很多土，原来是去了用土建成的家里，也就是窑洞里。

第五组：布朗族、鄂温克族、赫（hè）哲族、水族（嘴巴）

分析：布朗，可以想到"布朗运动"或者"不能朗诵"，鄂温克可以谐音为"俄文课"，赫哲可以谐音为"喝着"。

联想：嘴巴太干，不能朗诵俄文课，只能喝水来解决。

第六组：阿昌族、德昂族、锡伯族、京族（脖子）

分析：昌可以和"脖子"组合成"长脖子"，德昂可以转化为"得意地昂头"，锡伯可以转化为"锡箔纸"，京可以谐音为"金"。

联想：啊，他得意地昂起了他的长脖子，露出用锡箔纸包住的金项链。

第七组：仡（gē）佬（lǎo）族、朝鲜族、布依族、黎族（肩膀）

分析：仡佬可以倒叙加谐音转化为"老哥"，布依可以谐音为"布衣"，"黎"可以谐音为"梨"。

联想：一个朝鲜的老哥穿着布衣，肩膀上放着梨。

第八组：彝（yí）族、傣（dǎi）族、裕（yù）固族、撒拉族（手肘）

分析：彝和傣可以组合成"一袋"，裕固可以谐音为"鱼骨"，撒拉可以谐音为"撒啦"。

联想：手肘上挂着的一袋鱼骨撒啦。

第九组：纳西族、门巴族、东乡族、拉祜（hù）族（手掌）

分析：纳西可以转化为"拿西瓜"，门巴转化为"门把手"，东乡可以转化为"咚咚响"，拉祜转化为"拉二胡"。

联想：手拿西瓜，在门把手上敲得咚咚响，像拉二胡的声音。

第十组：俄罗斯族、羌（qiāng）族、回族、普米族（肚子）

分析：羌可以谐音为"抢/枪"，普米可以转化为"普通米"。

联想：俄罗斯人肚子饿了，拿着枪抢回来了普通米。

第十一组：塔塔尔族、乌孜（zī）别克族、珞巴族、景颇（pō）族（屁股）

分析：塔塔尔可以转化为"榻榻米"，乌孜别克可以转化为"一屋子的别克车"，珞巴可以谐音为"摆吧"，景颇可以转化为"景象"。

联想：屁股坐在榻榻米上，看着屋子里的别克车摆吧摆吧，摆得好高，景象颇为壮观。

第十二组：基诺族、侗（dòng）族、塔吉克族、佤（wǎ）族（膝盖）

分析：膝盖可以联想到下跪，基诺通过倒叙转化为"诺基亚"，吉克谐音为"即刻"。

联想：膝盖跪在诺基亚的手机上，跪出一个洞，他即刻哇哇地哭起来了。

第十三组：壮族、毛南族、保安族、畲（shē）族（小腿）

分析：壮和小腿可以组合成"粗壮的小腿"，毛南转化为"毛很难看"，畲可以谐音为"折"。

联想：粗壮的小腿上，毛很难看，保安看不下去，把腿打折了。

第十四组：高山族、傈（lì）僳（sù）族、苗族、鄂（è）伦春族（双脚）

分析：傈僳可以谐音为"梨树"，鄂伦春可以谐音为"鳄轮春"。

联想：双脚在高山上走动，走到了梨树苗旁边，发现鳄鱼轮流在春天活动。

第六步：还原复习。现在指着自己的身体部位，然后回想一下刚刚记忆的场景和图像，你能正确回忆出来 56 个民族吗？

二、《三十六计》记忆与整本书籍记忆策略

记忆法能够扩展的面超乎你的想象，即使是记忆一整本书，采用合适的记忆方法组合，也可以实现这"神乎其神"的记忆效果。

以小见大，接下来我们运用数字记忆宫殿法记忆"36计"，向大家展示如何运用记忆宫殿对信息进行管理，相信会对你有所启发。

先将数字转化，再将要记忆的内容转化，最后将二者通过配对或串联的方式建立联系，这就是数字记忆宫殿法的具体使用步骤。按照这个方法，我们可以熟练地记忆36计。

第1计：瞒天过海 分析：1的数字编码是"大树"，可以想象"用大树做成船，瞒着天漂流过海"。	
第2计：围魏救赵 分析：2的数字编码是"鹅"，可以想象"一群鹅围住了魏国来救赵国"。	
第3计：借刀杀人 分析：3的数字编码是"弹簧"，与"刀"结合为"弹簧刀"，可以想象"借弹簧刀杀人"。	

第 4 计：以逸待劳

分析：4 的数字编码是"帆船"，可以想象"乘坐帆船借风力航行，以安逸的状态等待疲劳的敌人"。

第 5 计：趁火打劫

分析：5 的数字编码是"钩子"，可以想象"趁着别人家失火，用钩子把他家里的财物勾出来"。

第 6 计：声东击西

分析：6 的数字编码是"勺子"，可以想象"有勺子在东边敲，发出声音，其实是为了攻打西边"。

第 7 计：无中生有

分析：7 的数字编码是"镰刀"，可以想象"用镰刀在空无一物的地方挖，挖出来了贵重的东西"。

第8计：暗度陈仓

分析：8 的数字编码是"眼镜"，结合"暗"可以联想到"墨镜"，结合原意想象"戴着墨镜，趁着暗夜渡过陈仓"。

第9计：隔岸观火

分析：9 的数字编码是"喷头"，可以想象"隔壁失火，你站在对岸拿着喷头却不救火"。

第10计：笑里藏刀

分析：10 的数字编码是"棒球"，可以想象"笑着看你，其实背后的棒球棒藏着刀"。

第11计：李代桃僵

分析：11 的数字编码是"筷子"，可以想象"一个筷子插着李子，另一个插着桃子"。

第 12 计：顺手牵羊

分析：12 的数字编码是"椅儿"，可以想象"顺手牵走了系在椅儿上的羊"。

第 13 计：打草惊蛇

分析：13 的数字编码是"医生"，可以想象"医生为了采摘草药，用力打草把蛇赶跑"。

第 14 计：借尸还魂

分析：14 的数字编码是"钥匙"，可以想象"拿着钥匙去太平间借尸体还魂"。

第 15 计：调虎离山

分析：15 的数字编码是"鹦鹉"，可以想象"鹦鹉学老虎叫，把山中的老虎调离开这座山"。

第 16 计：欲擒故纵

分析：16 的数字编码是"石榴"，可以想象"用石榴来装饰玉做的琴"。

第 17 计：抛砖引玉

分析：17 的数字编码是"仪器"，可以想象"抛一块砖给仪器，然后生产出来玉"。

第 18 计：擒贼擒王

分析：18 的数字编码是"腰包"，可以想象"贼王在偷腰包"。

第 19 计：釜底抽薪

分析：19 的数字编码是"药酒"，可以想象"在釜底抽走木柴被烧伤了，需要擦药酒"。

第 20 计：浑水摸鱼

分析：20 的数字编码是"香烟"，可以想象"香烟造成了特别多的烟雾，趁机浑水摸鱼"。

第 21 计：金蝉脱壳

分析：21 的数字编码是"鳄鱼"，可以想象"鳄鱼被陷阱逮住了，像金蝉一样脱壳"。

第 22 计：关门捉贼

分析：22 的数字编码是"双胞胎"，可以想象"双胞胎一个人关门，一个人去捉贼"。

第 23 计：远交近攻

分析：23 的数字编码是"耳塞"，可以想象"身边的同学很吵，要戴耳塞，反而是远处的同学相处得好"。

第 24 计：假道伐虢（guó）

分析：24 的数字编码是"时钟"，"假道伐虢"通过谐音转化为"嫁到法国"，可以想象"时钟过了 24（0）时，就要嫁到法国了"。

第 25 计：偷梁换柱

分析：25 的数字编码是"二胡"，可以想象"偷了大梁做二胡的柱子"。

第 26 计：指桑骂槐

分析：26 的数字编码是"河流"，可以想象"指着河流旁的桑树骂对岸的槐树"。

第 27 计：假痴不癫

分析：27 的数字编码是"耳机"，可以想象"戴着耳机假装白痴，疯疯癫癫"。

第 28 计：上屋抽梯

分析：28 的数字编码是"恶霸"，可以想象"恶霸很坏，等我上了屋子，他就把梯子给抽走了"。

第 29 计：树上开花

分析：29 的数字编码是"饿囚"，可以想象"饿囚太饿了，看到树上的花摘下来就吃"。

第 30 计：反客为主

分析：30 的数字编码是"三轮车"，可以想象"主人骑三轮车太慢了，客人直接反客为主，他来骑车"。

第 31 计：美人计

分析：31 的数字编码是"鲨鱼"，"美人计"转化为"美人鱼"，可以想象"美人鱼与鲨鱼同游"。

第 32 计：空城计

分析：32 的数字编码是"扇儿"，可以想象"诸葛亮拿着扇儿站在城楼上唱空城计"。

第 33 计：反间计

分析：33 的数字编码是"闪闪的钻石"，可以想象"用钻石离间敌人"。

第 34 计：苦肉计

分析：34 的数字编码是"三丝（三条丝巾）"，可以想象"用三条丝巾勒着自己，表现得很可怜"。

第 35 计：连环计

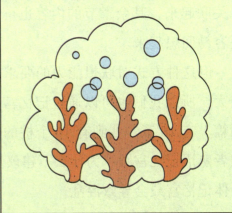

分析：35 的数字编码是"珊瑚"，可以想象"珊瑚一个连着一个"。

第 36 计：走为上计	
分析：36 的数字编码是"山鹿"，可以想象"山鹿看见人就迅速往山上走了"。	

现在你可以通过数字编码轻松地回忆《三十六计》的内容，并且是"精确制导"的方式，这对于你记忆整本书籍是否有所启发？

再以记忆国学经典《论语》为例，我们可以效仿《三十六计》的记忆方式，将页码与记忆的内容联想关联，通过页码进行提示。这里大家可能会有两个疑问，一是每一页的内容那么多，仅仅依靠页码足够提示吗？二是当页码到达三位后，我们的数字编码只有两位，可以怎么记忆？

首先第一个问题，《论语》全书共 20 篇 492 章，仅依靠一个页码去提示一整页的内容显然是不现实的。页码可以提示每一章的开头部分，假设第 1 页对应第一章："子曰：'学而时习之，不亦说乎？有朋自远方来，不亦乐乎？人不知而不愠，不亦君子乎？'"那么可以联想：在树下（对应编码 1）学习，有朋友来看望我，他对知识不熟悉，但我不生他气，我是君子。这样可以把第一章的内容串联记忆下来。同理，接下来如果是同一页的内容，可以使用串联的方式将一整页的内容关联。第二章："有子曰：'其为人也孝弟而好犯上者，鲜矣；不好犯上而好作乱者，未之有也。君子务本，本立而道生。孝弟也者，其为仁之本与！'"接着刚才的联想内容，我想到我要做君子，必须孝顺，所以去给爸爸妈妈洗脚（要将记忆内容尽量出图提示）。这样联想就把第二章的内容也关联起来，其余章节的内容也可以一步步关联，最终一整页的内容互相关联，也就更容易回想起来。

但这种方式对联想能力的要求较高，关联的内容较多也不利于回忆，大脑的负担较大。所以我们也可以通过记忆宫殿法来记忆每一篇的具体内容，比如说第一篇《学而篇》有 16 章，找到有 16 个桩的记忆宫殿，可以运用人物记忆宫殿、地点记忆宫殿或者熟语记忆宫殿，为什么不建议身体记忆宫殿呢？因为一共有 20 篇的内容，全部用身体记忆宫殿会导致混乱。

这里建议运用熟语记忆宫殿，每一篇找一首有关联的古诗作为宫殿，再将 20 首古诗跟数字编码结合，做到要背哪一篇就可以调出那一篇的古诗宫殿来回忆。

比如第一篇《学而篇》，有关孝顺的内容，所以想到了《游子吟》这首古诗。

游子吟

慈母手中线，游子身上衣。

临行密密缝，意恐迟迟归。

谁言寸草心，报得三春晖。

把诗句内容跟《论语》的具体内容相对应：

慈→子曰："学而时习之，不亦说乎？有朋自远方来，不亦乐乎？人不知而不愠，不亦君子乎？

母→有子曰："其为人也孝弟而好犯上者，鲜矣；不好犯上而好作乱者，未之有也。君子务本，本立而道生。孝弟也者，其为仁之本与！"

手→子曰："巧言令色，鲜矣仁！"

中→曾子曰："吾日三省吾身，为人谋而不忠乎？与朋友交而不信乎？传不习乎？"

线→子曰："道千乘之国，敬事而信，节用而爱人，使民以时。"

接下来，一一进行联想：

慈

首先，先理解原文内容。孔子说："学习了又时常温习和练习，不是很愉快吗？有志同道合的人从远方来，不是很令人高兴的吗？人家不了解我，我也不怨恨、恼怒，不也是一个有德的君子吗？"

接下来可以把"慈"转化为"慈祥的爷爷"，结合《论语》的内容，联想：慈祥的爷爷教导我，学习要多复习，才容易学会，不是很愉快吗？要是实在不会就拜托朋友，大家都会很乐意帮忙的。如果朋友不能理解你，那你也不要生气。

母

有子说："孝顺父母，顺从兄长，而喜好触犯上层统治者，这样的人是很少见的。不喜好触犯上层统治者，而喜好造反的人是没有的。君子专心致力于根本的事务，根本建立了，治国做人的原则也就有了。孝顺父母、顺从兄长，这就是仁的根本啊！"

"母"转化为"母亲"，联想：对母亲尽孝的人很少触犯统治者，不犯上的人去作乱是不存在的。做好这些根本的事务就是一个君子啦，能治国做人，而且孝悌就是仁的根本。

手

孔子说："花言巧语，装出和颜悦色的样子，这种人的仁心就很少了。"

"手"转化为"手掌"，联想：夸我手上的花五颜六色很鲜艳，奉承的人不是什么好人。

中

曾子说："我每天多次反省自己，为别人办事是不是尽心竭力了呢？同朋友交往是不是做到诚实可信了呢？老师传授给我的学业是不是复习了呢？"

"中"转化为"时钟"，联想：看着墙上的时钟，每天反省自己，有没有准时上班，和朋友约好有没有按时到，今天有没有复习？

线

　　孔子说："治理一个拥有一千辆兵车的国家，就要严谨认真地办理国家大事而又恪守信用，诚实无欺，节约财政开支而又爱护官吏臣僚，役使百姓不要误农时"。

　　"线"转化为"毛线"，联想：毛线绑着很多的马车，要谨慎，不然就会打结造成浪费，农民就要去解开结子，耽误农事。

　　这个方式可以提示更多的记忆内容，而且分段记忆也让大脑更轻松，避免出现大面积遗忘的情况。所以当需要记忆大量内容时，先对记忆内容进行分析，尽量多分组，多种记忆方法配合使用，让联想的方式更简单，充分发挥记忆桩的提示作用。

　　最后建议大家可以选择一本自己感兴趣的国学经典，尝试运用记忆方法记忆。当你将一整本记下来之后，你会发现对于方法的运用更加得心应手，同时你的知识积累也更丰富了，对于记忆的自信也会得到加强，再需要记忆什么内容都难不倒你。期待大家的收获，加油！

第四部分

拓展应用

千变万化，不离其宗

　　恭喜你完成了 21 天的训练学习，现在的你可以尽情去挑战每一个记忆难题，无论各种考试、考证，甚至生活当中经常遇到的记忆难题，记停车位、车牌号、电话号码等，记忆方法都会有用武之地。

　　可往往这个时候，有一些朋友却会担心：记忆内容千变万化，学习的方法是否足以应对？这个担心是完全没必要的，《最强大脑》节目上匪夷所思的记忆内容都可以被挑战成功，生活和学习当中遇到的记忆难题又会有多大的变化呢，总结下来无非是文字、数字、字母以及图形信息的排列组合，所以最重要是要有"想方法"的意识。当你在记忆时有意识观察和分析材料，信息在你大脑里存在的痕迹就已经大大加强了，记忆会保持得更久，总体的记忆效率也就提升了，所以不需要担心"想方法"会多花时间。

　　当然，更多的练习是非常必要，为了让大家更多了解记忆方法的使用场景和验证方法的适用性，特意增加了第四部分——拓展训练，相信你也会得到更多的启示。

拓展训练

在前面的讲解中，我们主要介绍的是记忆法在学科学习中的应用，对于成人，记忆法也有巨大的用途。比如记忆医学知识、法律知识、一建二建考试、会计师考试、公务员考试等。

在这一部分，我们将介绍这类专业知识的记忆方式，重点剖析不同类型题目的常用记忆方式并举例演示。

由于知识的专业性问题，我们尽量使用大部分人能理解的例子，如涉及一些专有名词的地方，会给出具体的释义，大家在学习时理解即可。

一、专业知识记忆难点及应对之法

专业知识通常有以下特征中的一种或几种：

（1）专业词汇多。比如医学中有很多的药物名称，法律中有很多的称谓，一建考试中有很多的概念。

（2）内容繁多。比如法律考试涉及 14 门基本学科和很多小学科，有 358 万字的教材和 290 多部法律法规。中医药方有几百种，每种还有数十种配料和剂量。

（3）计算多。比如会计师考试和公务员考试中有大量的计算公式，涉及方方面面。

（4）综合性强。在专业考试的最后部分，通常都是综合性很强的题目，涉及不同的知识面，需要用到整体知识架构；从记忆角度来说，涉及中文、数字、字母、公式等不同类型的信息。

二、专业知识记忆方法分析

从考试类型的角度来看，我们可以将知识按照题型类型分类，常见的有：单选题、多选题、判断题、案例题。这种划分方式不太适合去界定使用何种记忆方法，因为单选题也可能涉及复杂的知识点，复杂的题目也许只是对于单个知识点的深入分析。

我们可以从知识类型的角度来将这些专业的知识进行分类，如下：

（1）一对一知识点。针对这类知识点，可以运用"配对联想法"。

（2）一对多知识点。这类知识点常见的记忆方式是采用"串联记忆法"，分为"抽字串联、直接串联、故事串联"，当然，对于一些颇为复杂的知识点，也可以采用"场景记忆宫殿法""定桩法"等。

（3）公式记忆。这类知识点很特殊，它不仅需要理解，还需要记忆各种符号、数字、字母等，我们的应对措施是"理解为主，记忆法为辅"，在记忆环节要注意找规律、转化，然后合理利用方法来记忆。

（4）大篇幅知识点。这类知识点通常结构复杂，内容很多，中间夹杂着"因果、并列、递进"等各种关系。建议首先用思维导图梳理整体结构，再结合各种记忆方法灵活记忆细节。

三、专业知识记忆示例

1. 一对一知识点记忆示例

〔示例1〕**治疗肺癌最重要、最有效的手段是外科手术。（医学知识）**

分析：治疗肺癌—外科手术，典型的一对一知识点，采用配对法，外科可以谐音为"外壳"。

联想：肺部的癌细胞长成了外壳的样子，需要手术治疗。

〔示例2〕**小儿寒性哮喘首选是小青龙汤。（中医知识）**

分析：提取关键词—寒、哮喘、小青龙。

联想：一只小青龙呼啸着喘了口寒气。

〔示例3〕**1709年，英国议会通过《安娜女王法令》（法律知识）**

分析：提取关键词—1709、安娜女王，其中1709可以利用数字编码来记忆。

联想：安娜女王在议会用仪器（对应17）研究喷头（对应09）。

〔示例4〕**刑法有严格的罪刑法定：禁止类推解释（法律知识）**

分析：首先，我们要理解这句话的意思和"类推解释"的基本概念。

类推解释，指刑法没有将某种行为规定为犯罪，但因为该行为有危害性、行为人有人身危险性，就将该行为比照相似条文处罚。

刑罚是法律中最严厉的制裁措施，故适用刑法要慎重，因此对刑法应严格适用，而不能类推适用；应严格按照法条文字含义进行解释，而不能突破法条文字含义的范围作出类推解释。

这个知识点其实用逻辑记忆法记忆也可以，当然也可以采用联想记忆法，"类推"可以转化为"累推"。

联想：刑法禁止累了就去推其他人，解释也没用。

〔示例5〕《秋郊饮马图》作者是赵孟頫（教师资格考试知识）

分析：頫的读音是 fǔ，可以利用"府"来助记。

联想：造梦师梦见秋天自己在府邸旁的郊外饮马。

〔示例6〕根据安全生产教育培训制度，新上岗的施工企业从业人员，岗前培训时间的最少学时是24学时。（一建二建知识）

分析：抽取关键词"岗前培训""24学时"，这是一对一的知识点，采用配对联想法。

联想：想象岗前培训培训了一天一夜。

〔示例7〕合同期限不小于3年的员工试用期不大于6个月（会计师知识）

分析：核心是3年和6个月，属于一对一知识点，可以利用数字编码来配对，3的数字编码是弹簧，6的编码是勺子。

联想：你签了一个做弹簧的合同，每天的工作就是用勺子在弹簧上敲。

〔示例8〕亚洲和非洲之间的分界线是苏伊士运河（公务员知识）

分析：亚洲和非洲可以抽取"亚、非"，可以谐音为"鸭飞"，苏伊士可以转化为"诉一世"。

联想：鸭子飞过了分界线，这个事情它诉说了一世。

2. 一对多知识点记忆示例

〔示例1〕五味子的功效是"收敛固涩、益气生津、滋肾宁心"（中医知识）

分析：一种药材有多种功效，典型的一对多的知识点。五味子可以谐音为"无位置"，功效我们可以采用抽字串联法，抽取第一个字"收、益、滋"联想为"收椅子"。

联想：因为收了椅子，所以无位置可坐了。

〔示例2〕荆防达表汤的成分包括：荆芥、防风、紫苏叶、淡豆豉、葱白、生姜、杏仁 前胡、桔梗、橘红、甘草（中医药方）

分析：方剂是医学中最典型的一对多知识点。药材在我们熟悉的情况下可以采用"抽字串联法"，但是因为药材众多，在抽取时一定要注意正确抽字。可以抽取"荆防紫淡葱生杏前桔橘甘"，然后组词"荆防（警方）　紫淡（子弹）　生杏前（身形前）桔橘（结局）"。

联想：感冒的警方发射了子弹，从（提示葱白）你身形前经过打到坏人身上，结局很感（提示甘草）人。

〔示例3〕要约失效的条件包括以下方面（法律知识）

（1）拒绝：拒绝要约的通知到达要约人。

（2）撤销：要约人依法撤销要约。

（3）期满：承诺期限届满，受要约人未作出承诺。

（4）变更：受要约人对要约的内容作出实质性变更（视为新要约）。

分析：首先我们要理解一些基本概念，然后理解每一个失效条件的意义。

要约的意思是：一方当事人以缔结合同为目的，向对方当事人提出合同条件，希望对方当事人接受的意思。发出要约的一方称要约人，接受要约的一方称受要约人。

要记忆的内容可以简化为"拒绝、撤销、期满、变更"，这样就回到了我们的"一对多知识点"记忆范畴内，可以直接串联，也可以采用抽字串联。

联想："要约人期满了拒绝执行合约，私自变更的内容被撤销"或者"要约人的汽车（对应'期''撤'）发生巨变（对应'拒''变'）。"

〔示例4〕说服教育法的基本要求是（教师资格考试知识）

（1）明确目的；（2）富有知识性，趣味性；（3）注意时机；（4）以诚待人。

分析：可以采用抽字串联法，抽取"目、趣、机、诚"。

联想："说服城区（对应'诚''趣'）的母鸡（对应'目''机'）去受教育"，这样记忆既容易又诙谐。

〔示例5〕项目管理实施规划的编制依据（一建知识）

（1）项目管理规划大纲。

（2）项目条件和环境分析资料。

（3）工程合同及相关文件。

（4）同类项目的相关资料。

分析：首先，我们可以抽取关键词，比如"大纲　条件、环境　合同　同类"，我们可以使用"标题定桩法"来记忆，提取"实施规划"这四个字对应四条内容。

联想：实（果实）—大纲（大缸）—装果实的大缸。

施（施救）—条件、环境—施救要看当时的条件和环境。

规（圆规）—合同—用圆规在合同上签字。

划（画画）—同类—画画的同类人聚集在一起很容易有共同话题。

〔示例6〕**约束性固定成本是不能通过当前的管理决策加以改变的固定成本，例如固定资产折旧费、财产保险、行政管理人员工资、取暖费、照明费等。（会计师知识）**

分析：约束性固定成本的概念比较好理解，就是不能改变的，所以是约束性的；记忆的难点是后面的几个类型，采用场景法来记忆。

我们可以构想上图这样一个比较符合的场景：

（1）人：对应行政管理人员—管理人员的工资

（2）电脑：固定资产—用多了会折旧—固定资产折旧费

（3）通话：卖财产保险

（4）电暖器：照明费和取暖费

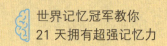
〔示例7〕京剧中的古典戏有《借东风》《定军山》《卧龙吊孝》《空城计》《贵妃醉酒》《群英会》等（公务员知识）

分析：抽取关键词"东风""军山""卧龙""空城""贵妃""群英"，结合京剧，可以采取"故事串联法"来记忆。

联想：京城（提示京剧）吹过来的东风席卷了军山，惊动了卧龙，它来到空城，看到贵妃和群英在喝酒。

3. 公式记忆示例

〔示例1〕会计知识

固定资产年折旧额＝（固定资产原值－净残值）/固定资产预计使用年限

分析：首先理解公式逻辑，要算年折旧额，需要先算出总的折旧额，它等于原来的价值减去现在的价值，然后再平均到每年即可。然后我们可以抽取公式中的关键部分"原、残、年"用记忆法来记忆。

联想：采用抽字按顺序串联"固、原、残、年"转化为"雇员残念"，雇员对于旧东西有残念。

〔示例2〕一建知识

经营成本＝外购原材料、燃料及动力费＋工资及福利费＋修理费＋其他费用

分析：依然是首先理解公式逻辑，后面的部分是经营成本的组成，比如材料费，人工需要工资，过节要发福利，东西坏了要花钱修理，还有一些杂七杂八的东西统称为其他费用，我们可以采用场景记忆宫殿法来记忆。

联想：构建一个"修理厂的场景"，你是老板，外面是一车材料和燃油，燃油提供动力里面工人在修理车子，你拿着一沓钱还有粽子礼品挨个发放，墙上还有一个图钉钉着一叠税单。

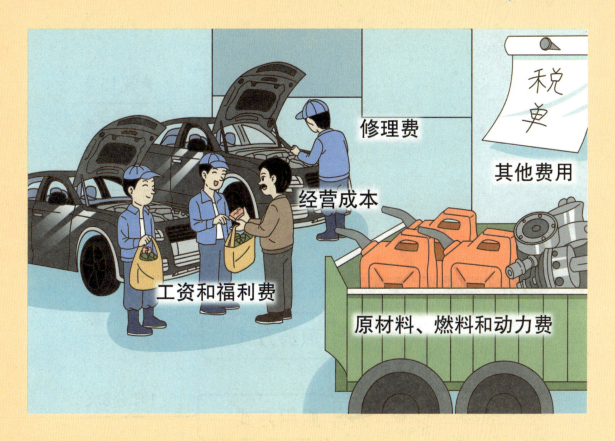

解析：场景中你是老板，代表着经营这个修理厂，提示经营成本，外面的材料和燃油提示原材料、燃料和动力费，工人修车提示修理费，发礼品和钱提示工资和福利费，税单提示其他费用。

4. 大篇幅知识点记忆示例

〔示例1〕风寒感冒药方——紫苏玉屏风散（中药知识）

黄芪15克，白术15克，防风12克，生姜6克，紫苏10克。加水煎煮取汁，1日分3次服用。

分析：这是一个很常见的药方，药方的特点是包含药材和对应的剂量，还有服用方法，我们可以理解为"文字 + 数字"的知识类型，由于药材和剂量是对应的，可以采用配对法记忆，整体采用串联法来记忆。我们可以整理为下面的思维导图：

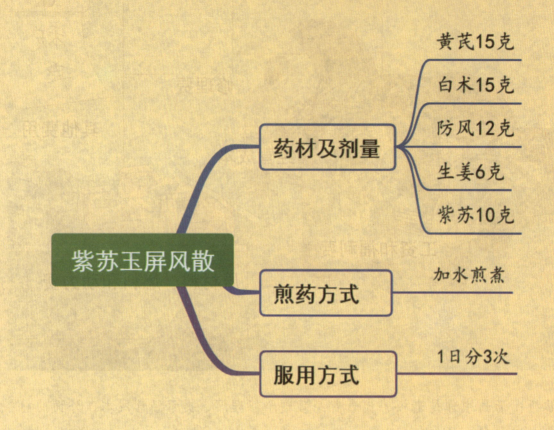

对应到"紫苏玉屏风散",我们抽取药材中的"芪、白、防风、姜、紫",然后进行组词"防疯子""降白旗",服用方法是 1 日 3 次,对应数字 13,数字编码为"医生"。

联想:医生用紫苏玉屏风散防疯子,然后降白旗。

接着分析:然后我们再看看怎么记忆每个药材和对应的剂量。15 的数字编码是鹦鹉,联想"黄色的旗帜上面有一只鹦鹉""白色的竹子上也有一只鹦鹉",12 的数字编码是椅儿,联想"为了防风,就放一个重重的椅儿",6 的数字编码是勺子,可以联想"用勺子挖生姜",10 的数字编码是棒球,紫苏可以倒序谐音为"梳子",联想"用棒球把梳子打飞"。

这样,我们就通过利用"配对法 + 串联法"实现了药方的准确记忆。

〔示例 2〕一建知识

根据《施工脚手架通用规范》的规定,应对作业脚手架的哪些部位采取可靠的构造加强措施?

(1)附着、支撑于工程结构的连接处。

（2）平面布置的转角处。

（3）塔式起重机、施工升降机物料平台等设施断开或开洞处。

（4）楼面高度大于连墙件竖向设置高度的部位。

（5）工程结构突出物影响架体正常布置处。

分析：问题的关键点在于"结构加强"，每一部分我们可以抽取关键词，采用串联法的方式，一个更有效的方式是利用"简笔画的场景法"，这里具体演示一下。

（1）抽取关键词"支撑连接处""转角处""起重机、升降机、断开、开洞""连墙件竖向""突出物"。

（2）构建一个工地的场景，然后用简笔画的形式将上述的关键词形象带入其中，如下：

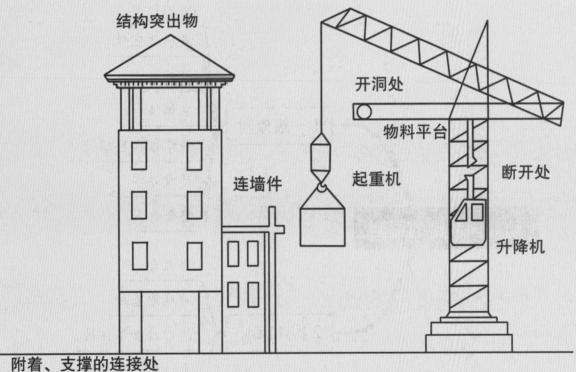

〔示例3〕幼儿园教育的原则（幼教老师考试知识）

教育的一般原则：

（一）尊重儿童的人格尊严和合法权益的原则

（二）发展适宜性原则

（三）目标性原则

（四）主体性原则

（五）科学性、思想性原则

（六）充分发掘教育资源，坚持开放办学的原则

（七）整合性原则

学前教育的特殊原则：

（一）保教合一的原则

（二）以游戏为基本活动的原则

（三）教育的活动性和直观性原则

（四）生活化和一日活动整体性的原则

分析：首先整理出简洁的思维导图

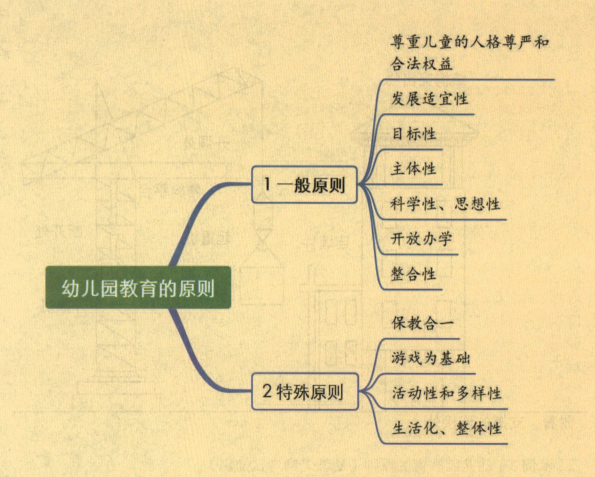

然后思考记忆方式：

（1）针对两个大的方面，可以从逻辑上记忆，有一般的原则，就有特殊原则。

（2）对于一般原则，从字面上去理解，应当是概括性的东西。看到这里，应该可以快速反应出运用抽字串联法，抽取"尊重、发展、目标、主体、科学、开放、整合"，再将上面几个词给串联起来。当然也可以更加简化为"尊、发、目、主、科、开、整"，然后组合成"开发、科目、尊主、整"，联想"幼儿园教育，要尊贵的主人从整体上

开发适合的科目"。

（3）特殊原则，相对更加简单，可以简化为一个口诀"包邮两活"。

包：保，保教合一。

邮：游，游戏为基础。

两活：两个"活"，活动性和生活性。

总的来说，无论是学科知识，还是专业性非常强的考证知识，所包含的信息类型都是由文字、数字、字母及图形构成，这四种类型在前面的 21 天训练讲解中，运用了大量的实战案例来讲解如何记忆，究其根本，要抓住两个重点，分别是如何出图以及如何联想。

关于如何出图，除了灵活运用"关望谐字"四种方式之外，也建议大家收集整理好自己的专业术语编码，比如说像药材"荆芥"，就可以转化为"金戒指"，当配方出现相关药材时可以快速转化，提高记忆效率。这个过程只需要边联想边整理即可，切勿先进行编码之后再联想，根据实际情况，有时候可能其他的转化更容易联想，也有可能需要通过抽字与其他知识点结合，所以没必要提前编码。

关于联想，首先要明确，当你在思考联想的方法时，你是在刻意进行记忆，本身就比单纯的重复更容易产生深刻的印象，所以不需要有"联想还要额外花时间"的心理负担。另外不需要强求记忆方法尽善尽美，有时候可能只需要提醒一小部分，那么没必要把所有内容都加到你的记忆方法里面。也不要在还没有回忆时，去评判自己记忆方法的好坏，"记忆方法能不能让你回想知识点"才是唯一的评判标准。最后，要坚持运用，大部分人在最开始的时候，运用起来都会比较生疏，但练习一段时间后，方法的使用会逐渐顺手，直至形成适合自己的记忆系统，那时候的你一定会感谢坚持探索记忆方法，寻找高效记忆方式的你！

四、记忆方法趣味运用——记忆扑克牌

记忆法不仅可以用于工作学习，在娱乐上也能大显身手。我们经常在电影上看到一些人可以在很短时间内记住扑克牌，从而在牌局中制胜。现实生活中不可能像电影表现的那样浮夸，但是实际的记忆效果确实是令人震撼的。扑克牌记忆是世界记忆锦标赛的项目，并且也是评定"世界记忆大师"的标准之一，要求在 40 秒以内记忆一副打乱顺序的扑克牌（52 张，去除大小王）。目前该项目的世界纪录是 13.96 秒，是否

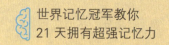

有种匪夷所思的感觉？这比很多人看清楚一副牌都还要快，其实这也是通过正确的方法一步步训练而来，接下来为大家揭晓如何快速记忆扑克牌。

成为扑克牌记忆的高手，必须具备两个条件：

（1）对扑克牌的编码非常熟悉，做到"见牌出图"；

（2）精进记忆的每个环节，提高记忆效率，同时保持记忆效果。

先来说第一个要求，扑克牌包含花色和数字/字母，这些都是需要记忆的信息，这时候就需要"编码思维"，建立扑克牌的记忆编码。

提供一个简单的思路，花色可以设定为一个数字，牌面也可以设定为一个数字，那么扑克牌就可以转化为我们熟悉的数字编码。

花色转换思路：♠—对应数字1（像一棵大树），♥—对应数字2（像心的两半），♣—对应数字3（像三片树叶），♦—对应数字4（有四条边）。

牌面转换思路：数字牌比较简单，10可以处理为0。花牌JQK单独处理，把J设定为5，因为长得像钩子；Q设定为6，Q跟6都由0延展而成；K设定为7，K由"|"和反过来的"7"构成。如果花牌还是"花色＋数字"的方式，会跟A—10重复编码，所以这里调换下顺序，变成"字母＋花色"，比如♠J，对应"51"。实际练习时，只需要强调遇到花牌从上往下读，普通牌从下往上读就可以解决。

 从下往上，先"♦"再"5"，是45。

 从上往下，先"Q"再"♦"，是64。

编码如下：

	1	2	3	4	5	6	7	8	9	10	J	Q	K
♠	11	12	13	14	15	16	17	18	19	10	51	61	71
♥	21	22	23	24	25	26	27	28	29	20	52	62	72
♣	31	32	33	34	35	36	37	38	39	30	53	63	73
♦	41	42	43	44	45	46	47	48	49	40	54	64	74

现在你可以使用数字编码来记忆扑克牌了。接下来是第二个要求，如何达到更高的水准，细化每一个环节？我们需要对记忆过程进行解构，记忆分为"记"和"忆"两个环节，我们重点关注"记"的环节，如果记得足够清楚，那么回忆也会比较容易。

对于扑克牌的记忆过程，运用记忆法的图像思维可以拆分为：

（1）看到扑克牌快速地反应对应的数字编码图像，即出图速度；

（2）将多个扑克牌利用配对、串联等方式进行记忆，即联想速度；

（3）如果扑克牌比较多，还需要加入记忆宫殿法，即定桩速度。

针对第一条，我们可以做"闪视训练"，即随机看到一张牌快速反应编码图像，持续练习到速度越来越快；接下来做"图像想象练习"，把反应出来的图像编码进行类似于"着色、旋转"等操作，让它在我们的脑海中形成非常清晰的图像和非常深刻的感觉。

针对第二条，我们可以做"联结训练"，即随机看到几张牌把它们之间串联成一个故事，或者把它们之间用动作联结起来，在保证图像感觉的基础上，速度越快越好。

针对第三条，需要收集大量的地点记忆宫殿，并通过刻意练习让你对记忆宫殿得心应手。之所以要大量的地点记忆宫殿，是因为在练习时，同一组记忆宫殿在短时间内复用，会有记忆干扰。有些朋友可能会有疑问，为什么限定地点记忆宫殿，而不能使用其他记忆宫殿法呢？这是因为相较于其他记忆宫殿法，使用地点桩可以更加稳定，更容易通过动作直接呈现图像，达到记忆速度的最大化，目前的世界纪录保持者使用的也是地点记忆宫殿法完成快速记忆扑克牌的。

接下来我们运用"地点记忆宫殿法"来记忆扑克牌，大家先在自己家里或其他熟悉的地方找到10个地点桩。选择实际去过的地方，在进行联想的时候会让你印象更加深刻。如果你暂时不方便找，也可以先使用下面的10个地点桩。然后准备20张牌，每个地点桩用配对的方式来记忆2张扑克牌的图像，试一试自己是否可以记住呢？参考前面的记忆宫殿法，相信你一定能挑战成功！

五、高效记忆法总结和进阶

2014 年电视节目《最强大脑》开播以后，越来越多的朋友对选手的超强记忆表现感到吃惊，越来越多的人开始关注"记忆"这个话题。得知选手都是通过练习获得超级记忆力后，很多人都希望通过训练提高自己的记忆力，特别是那些随年龄增长感觉记忆力明显衰退的人。

但无论是上网查资料还是买书阅读，大家都遇到了各种各样的困扰。有人遇到文化带来的困扰，如果你买的是一本外国人写的书籍，你会发现一些关于想象、谐音、编码的举例和中国的文化相差太大，理解起来非常困难；有人遇到专业背景带来的困扰，如果你买的是一本心理学家写的关于记忆的书籍，你会发现，没有心理学背景知识，书中的结论就晦涩难懂，而且很多理论落后于实际应用，无法解释《最强大脑》选手的一些惊人表现；有人遇到年龄带来的困扰，你如果买的是日本人写的关于超右脑记忆方法的书籍，你会发现，很可能你已经错过了这个方法适用的黄金年龄，怎么努力都达不到书中描述的效果；也有人遇到方法体系带来的困扰，如果你买的是一本写给高中生应试的书籍，除非你了解整个记忆方法体系，否则你很难在工作中进行应用。

信息时代让记忆法这项小众技能慢慢为人所熟知，但繁杂的信息也让很多人对于记忆法一知半解，经常有初次交流的朋友会有各种疑问和观点，比如说："会记忆法的都是天才，普通人学不会"，"信息时代已经不需要记忆法了"，"记忆法是小儿科的玩意，不实用"等。在这里，我们整理出常见的一些误区和疑问，与大家做探讨交流，期望大家可以更好地使用记忆方法。

1. 记忆能力真的可以通过训练提高吗？

人的记忆能力至少由四个方面因素决定的：基因、大脑的状态、记忆方法的使用和记忆习惯。2016，我在国内一家检测天赋基因的权威公司做了全套基因检测。结果显示，由基因决定的长时记忆和情景记忆这两项，我都只属于良好水平，并不出众。我也研究了我的几十名学员的记忆天赋和他们学习表现之间的关系，发现基因决定我们基本的记忆能力，不同天赋的人有不同的记忆方法，只要找到适合自己的方法，记忆能力就会有突飞猛进的提高。

记忆效果的好坏与大脑的状态也有很大的关系。状态好的时候记东西非常快，状态不好的时候背了很多遍也记不住，所以我们要力争让大脑保持在最佳状态，可以采取的措施有很多，比如采用合理的饮食、通过音乐调整呼吸、做健脑操等。

记忆方法有多种，每种方法都有它的适用范围，不能绝对地说某一种方法可以解决所有问题，也不能简单地说哪种方法是最先进的。从应用的角度来看，只有最合适的方法，没有最先进的方法。在本书中，我们分享记忆方法所蕴含的心理学原理、每种方法适用的范围及注意要点、记忆方法在不同类型的信息和不同学科中的使用，涉及中文、英文、数字及图形四大信息类型的实战运用。还分享了很多趣味类的项目记忆，如人名头像记忆、扑克牌记忆等，这些内容有助于我们建立完整的记忆方法体系。

2. 记忆法用起来好麻烦

当我在进行展示，短短的时间内记下大量的抽象信息时，很多人都会惊叹、羡慕，但当一开始学的时候，又会迅速灰心，觉得原来只需要一直重复，现在还要联想，还要想画面，不是更麻烦吗？

亲爱的朋友，如果你有这种想法，首先让我们想想，在我们漫长的学习生涯中，只走所谓"轻松"的路最终会怎么样？比如说算术，用计算器不是更轻松吗？再比如背单词，直接用手机查也很快吧？练字是为了什么，生活当中大部分时候都是打字吧？为什么要阅读，我看短视频不也可以了解一些知识点？相信不需要解释，你也能知道以上的结论都是非常荒谬的！磨刀不误砍柴工，正如同你年幼时第一次学会骑车带来的速度飞跃，那是步行所无法体会的，而学习之路也不轻松，也许一开始骑得歪歪扭扭，速度还不如步行，甚至可能受伤，但你坚持下来了。

其次，我们还需要明白，记忆不只是"记得快"而已，完整的记忆过程还包括"记得准"和"记得久"，甚至还包括"想不想记"，但我们用联想的方法时，记忆不再只是一件机械重复的无聊工作，而是充满挑战的趣味旅程。而当建立了关联之后，把要记的内容挂靠在"熟悉"的事物上，让我们比原来记得更准确也更长久，整体效率的提升是原来所无法比拟的。正如在初二获得"世界记忆大师"终身荣誉的学员董逸荣同学所说："努力练习记忆法吧，我相信你会爱上它。"他在 2020 年世界记忆锦标赛全球总决赛中，以优异的成绩获得了少年组的全球总亚军。他在课余时间坚持练习记忆法，无论对于学习还是比赛，帮助都非常大。

3. 记忆方法的联想方式不利于理解和运用？

经常有刚刚接触到记忆方法的同学会有疑问：用联想的方式是不是会影响理解，比如背单词、背古诗。

这个问题只要稍微转变下，你就会有答案：你用死记硬背的方式记忆，就能帮助你理解和运用吗？其实，记忆、理解和运用，这是学习过程中三个不同的环节，他们是相互促进的。比如说你理解了古诗文的含义再去记忆，肯定是比不理解硬记效率要高很多的，但理解并不等于就记忆了，比如说古文记忆、单词记忆等，这时候记忆方法就可以起大作用了。要明白，联想方法只是一种辅助手段，它从来都不是要去替代我们的记忆，有些知识点你只是个别内容一再弄错，那用联想的方法提示一下，比重复很多遍高效得多。

但也要注意，方法使用不当，确实也会影响理解。比如在记忆古诗时，有些朋友每一句都用谐音的方式来记忆，这种方式我们是坚决反对的，我们在编撰中小学古诗记忆丛书时，坚持的原则就是在理解的基础上出图，尽量避免无关联的谐音联想方式，这更有利于记忆的准确性和持久性。

4. 记忆方法只是谐音梗和编故事?

相信看完整本书的你,应该非常明确这是错误的观点。谐音只是进行抽象信息转化出图的其中一种方式,实际上包含了"关望谐字"四种方式:相关法、望文生义法、谐音法、增减倒字法。而编故事也只是串联记忆法的其中一种方式,除了编故事,我们也可以通过动作、合并的方式进行联想。同时建议大家,在练习记忆法时,多探索不同方法运用的可能性,养成分析记忆材料的习惯,这有利于记忆能力的提升。

5. 想象力不足用不了记忆方法?

经常会有一些朋友在学习记忆方法的时候,觉得自己想象力不行,想不到好的方法。这其实有两个误区:一是绝大部分人的想象力没有自己想象得差,二是能够帮助你记下来的方法并不需要特别巧妙。

诗人华兹华斯曾经说过:"想象力是由耐心地观察所组成的;幻想力是由改变心中情景的自愿活动所组成的。想象跟幻想一样也具有加重、联合、唤起和合并的能力。"可见,想象力的丰沛与否与自己的意愿有很大的关系。常有人感慨小时候想象力比成年之后更好,留心观察便会发现这只不过是很多人不再"幼稚"而已。小时候看到云朵,我们会大声地说像什么,老师问问题,可能会勇敢地回答一些不着边际的答案。但当长大一些之后,"不想丢脸"这件事情变得非常重要,于是我们藏起自己的想法,做更多"正确的选择",于是逐渐对"胡思乱想"嗤之以鼻。当然,这并不是在责怪诸位关闭了自己想象力的大门,会造成这个现象大部分的原因很可能是我们都曾经被嘲笑或打击过,说了一个想法结果引发哄堂大笑,谁也不想做"小丑"。所以,要摆脱这种困境首要的是自己要撕掉"想象力不足"的标签,大胆联想,书里所有案例都给了方法参考,建议在用书里的方法记忆之前,可以先自己思考方法,再和书里做对比,相信你的联想能力会越来越好。想象力和记忆力一样,可以通过练习来提升。

其次,记忆方法并不需要追求"语不惊人死不休",观察书中的案例,你会发现其实只要知识点之间建立了联系,而且这个联系有特点、有图像就已经可以记下来了。

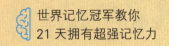
有很多学员，在参加记忆比赛时，他们用记忆方法的方式非常简单，只用简单动作做结合，便可以记住大量的抽象信息。这得益于他们大量的练习，找到了适合自己的联想方式。所以朋友们，请放下多余的顾虑，行动起来才是一切的基础。

6. 记忆方法能不能过目不忘？

看过《最强大脑》的朋友中，有不少认为里面的选手肯定都是天才，看过就能过目不忘。事实上，大部分的人都只会选择性地使用记忆方法。

据国际著名学术期刊《细胞》杂志报道，科学家研究发现，遗忘一些事情可能是人的大脑的一种自我保护机制，在进化过程中，大部分人会形成自然遗忘的能力。人脑会自动清空不重要的记忆，如果这个机能受影响，大脑功能反而会出现紊乱。这个世界上有一种病叫"超忆症"，患者仅有几十人，他们能够把每天发生的事情全部记住。这项能力看似很好，但实际带来的却是无尽的痛苦。大脑会成为一个垃圾堆，什么杂七杂八的东西都有，特别是那些被嘲笑、被谩骂、被批评的记忆，就像一根根的刺，一直在你的脑海里挥之不去。

大部分人所希望的应该是对自己想要记的内容做到"过目不忘"，很遗憾，记忆法不能像哆啦A梦的记忆面包一样，让你不费什么力气就记下来，而是需要有意识地确定目标并使用方法，如果不使用记忆法，记忆冠军跟你并没有什么区别，就如同骑行冠军不骑车，和你比走路，差距不会那么大。

记忆方法是一种工具，可以大幅地提高记忆效率。你既不用担心使用方法会造成信息混乱，大脑记住太多无用信息，也不能抱有幻想，记忆法不是魔法，没办法让知识直接印到脑子里。但是当你认真练习后，可以让你记忆速度更快、记忆内容更精准、记忆保持时间更长久。

7. 如何持续练习记忆方法？

目前在世界记忆锦标赛上荣膺"世界记忆大师"称号最小年龄的选手是8岁，最大年龄的是60岁，可见，记忆方法是一项老少皆宜、终身精进的技能。那么如何持续练习呢？首先要确认自己的目标，是以参加比赛为目标，还是以提高日常的记忆能力为目标。

如果是以记忆比赛为目标，需要先了解赛事规则，制定训练计划。通常情况下，需要数月的封闭集训方能具备选手水准，因为记忆比赛的专业度是比较高的。但也不必将其想象得过于遥远，每年有很多头发花白的老人家也在参加比赛，他们将记忆法视为一种爱好，既能锻炼大脑，也能丰富人生体验。推荐各位朋友，条件允许的情况下可以参加比赛，有比赛作为目标，对记忆方法的训练也有促进作用，在赛场中你也有很大机会会遇到电视节目中的那些脑力大神。

竞技记忆相对于实用记忆，需要花更多的时间打磨自己的数字编码，处理好联想细节，并且需要收集大量的地点桩。本书也讲解了锦标赛项目：快速扑克记忆，大家可以先尝试练习起来，当能做到2分钟记下一整副扑克牌时，再寻求更专业细致的指导。本书以实用记忆为主，对于竞技记忆就不作展开，感兴趣的朋友可以自行搜索我们团队的其他课程。

关于实用记忆的持续练习，分为两个大的方面。首先是基础能力提升，这一块涉及你的出图能力以及联想能力，通过练习随机词语、随机数字记忆来提升，尝试串联记忆法或者记忆宫殿法等不同的方式，以20个为一组开始，逐步增加练习量，并且在练习后总结自己的记忆问题，有助于这两项能力的提升。其次是方法的迁移能力，建议先从本书的例子练习，每个案例都尝试去思考记忆方法，再与书中的方法做对比。通过本书的案例练习后，当学习或者生活当中遇到需要记忆的东西，都可以尝试用记忆方法去记忆。如果目前找不到需要记忆的材料，那么建议大家可以选一本国学典籍、诗集，甚至是选择一门语言，尝试用方法去记忆。在这个过程，你可能会遇到很多的记忆问题，这时候翻开这本书，参考对应的篇章，经过思考解决后，你的记忆能力会得到进一步的提升。

最后，在记忆力进阶和提升方面，我想用六个词语来概括：体系性、灵活性、全面性、丰富性、快速性和持久性。

第一，在方法掌握阶段要建立体系性，要知道所有的记忆方法之间有什么样的关联，它们为什么会有用，为什么会形成这样的体系，要对它们有全面的了解。

第二，在方法选择上要具有灵活性，知道针对每一类知识的最合适的记忆方法。

第三，在知识观察时要有全面性，学会整体观察，也学会细节观察。

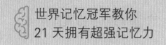

第四，在知识想象方面要有丰富性，能够知道知识转化的多种方法并灵活运用。

第五，记忆过程的快速性。在世界记忆比赛的过程中，对世界记忆大师的要求是40秒内记住一副扑克牌的顺序。

第六，记忆保持的持久性，必须记得快、忘得慢。

记忆乃智慧之母，是进行思维、想象等其他高级心理活动的基础，而记忆方法是一种工具，希望你能用这样的工具更好地服务于生活和学习，使学习与工作变得更高效，从而让自己更轻松、更自信。